U0192885

现代景观

[英] 迈克尔 · 斯彭斯　著
张德娟　译

现代景观

Modern Landscape

中国建筑工业出版社

致珍妮特

中文版序

记得 10 年前我在上硕士研究生的研讨课时，当时就读于北京林业大学的硕士研究生张德娟同学选择了《现代景观》(Modern Landscape) 一书的相关案例进行了精彩的介绍和解读。10 年后，她告诉我已经完成了该书的翻译工作并即将出版。德娟同学为这本书的翻译执着地坚持了 10 年，把国际上新的设计理念与方法呈现给中国的读者，这种精神着实令我感动不已，我非常钦她的努力与付出，也衷心祝贺本书的出版发行。

风景园林在中国快速城镇化背景下发展迅速，取得了令世人瞩目的巨大成就，也引起了全世界的广泛关注。风景园林学、建筑学和城乡规划学已共同构成了支撑中国人居环境建设的学科体系。因此，及时学习和借鉴国外新的理论与建设经验具有重要的意义。

本书以一篇综合性论述开篇，分四部分阐述风景园林规划设计的不同理念与方法。所选案例均为 20 世纪 90 年代末已建设完成的具有国际影响力的作品。作者分别从设计细节、相关历史文脉和其所产生的影响等方面进行全面研究。系统分析了美国玛莎 · 施瓦茨、日本安藤忠雄、英国科尔文和莫格里奇、奥地利汉斯 · 霍莱因和荷兰西 8 等现代风景园林设计师的 32 个不同类型、尺度各异的卓越案例，以此阐述现代风景园林规划设计的发展进程。

本书第一部分“城市公园”着眼于较大尺度的绿地，八个案例的选择各具特色。整体可分为两种类型：第一类是场地基址极佳，例如卡斯尔敦 · 考克斯公园和巴塞罗那植物园，两者分别是对英国自然风景园与地中海园林的经典传承。考克斯公园通过富有想象力和充满学术风格的景观修缮提升，使得步入公园的游客首先便能看到整个城堡建筑的自然轴线；此外，传统隐垣、开敞草坪、装饰花坛、质朴铺装、观赏草和宿根花卉、以及屏风状种植的组合，从整体上使得城堡建筑和户外自然景观相得益彰；巴塞罗那植物园位于巴塞罗那的芒特尤奇山顶，15 公顷的公园在一套三角形网格元素中布局，辅以山顶场地的地形坡度，在丰富的游览路线里穿插丰富的地中海植被展示和种植空间；有趣的是，考克斯公园和巴塞罗那植物园两者对于本国经典传统园林的传承，与我国时下所讲的“文化自信”，“中国风景园林要充分体现中华元素、文化基因”，竟有异曲同工之妙。第二类是场地尚可的棕地，包括美国尤马东湿地公园、法国圣 · 皮埃尔公园、日本横滨港口公园和德国北杜伊斯堡埃姆舍公园、西班牙巴塞罗那方赞塔公园和美国西雅图西点污水处理厂。此种类型设计的关键便是场地可持续发展与再生设计。

本书第二部分“建筑景观化”是建筑与景观高度融合、相辅相成的优秀案例类型。许多知名建筑师都留下了传世佳作。作者精选尺度功能各异的三个博物馆案例，曼彻斯特帝国战争博物馆是建筑大师丹尼尔 · 里伯斯金在英国的首个建筑，解构主义的设计手法、得天独厚的地理优势和隐喻深沉的文脉表达，使其成为欧洲新博物馆建筑中无可复制的经典。法国克莱蒙－费朗德的火山学博物馆则是欧洲火山主题公园内的核心建筑群，设计师通过下沉广场内的螺旋垂直交通，为游客虚拟了从地心到深海海底的探险旅程，而其核心是高 22 米的圆锥体，既为入口大厅亦是地下空间布局的组织枢纽，也成为博物馆空间处理的点睛之处。威尔德与唐兰德博物馆工作坊则为微型博物馆提供了一个设计范本。“景观建筑化”专题另外几个案例包括长谷川逸子的日本新潟表演艺术中心、丹麦埃伯尔托夫特的欧洲电影学院、大阪城市大学媒体中心以及亚瑟和伊冯 · 博伊德教育中心，这几个具有传媒和教育功能的案例从不同角度对建筑景观化进行了阐述；此外，

采用与阿尔瓦 · 阿尔托同样叙事手法的纪念性案例伊瓜拉达墓地也对该主题进行了生动诠释。

本书第三部分“园林景观”从地形塑造的角度，选取七名世界著名风景园林师的经典作品。在该专题中，“水体”作为设计要素举足轻重。凯瑟琳 · 古斯塔夫森的埃索总部延续了其一贯的设计理念——塑造地形，她对于景观水体和地形近乎偏执的艺术追求令人印象深刻，所以在完成埃索总部项目 12 年之后，在伦敦的海德公园，她为世人带来了戴安娜王妃纪念喷泉这一传世之作，也在情理之中了。安藤忠雄的美术花园是为了展示陶板名画而设计的水庭，也是世界首个回廊式绘画庭院；荷兰阿姆斯特丹的波尼奥与波斯伦堡半岛景观改造作为滨水住区的城市更新典范，更是将荷兰高技派的卓越才能充分体现；玛莎 · 施瓦茨在北田花园城里的水渠将住宅内部的狭长场地丰富起来；诺华制药 KK 花园的线性叠水池与带状草坪、绿篱种植条带与宿根花卉带精细而娴熟的结合；法国 54 四号公路旁的自动休息区里的尼姆剧院柱廊倒映在方形古典水池中，为汽车旅行者在途中提供了休闲栖息地，并与毗邻的诺曼 · 福斯特设计的当代艺术中心有机融合在了优美舒缓的自然之中。

本书第四部分“介入城市肌理的景观”则着眼于对城市现有环境问题提供一种积极的城市改造策略。街道、节点与区域作为凯文 · 林奇城市意象里的构成要素，也是本专题的案例重点。“街道”是与市民生活关系最为紧密的，作者用艺术高架桥林荫大道和哈斯海滨长廊为重点案例进行着重阐述。艺术高架桥林荫大道从某种意义上讲可以说是巴黎人的“高线公园”：这一条长 4.5 公里的贯穿城市东西的、在废弃的铁路高架桥基础上改造而成的林荫大道成为巴黎人的生活型城市干道。以色列耶路撒冷的哈斯海滨长廊是劳伦斯 · 哈尔普林的经典城市滨海空间，他通过娴熟的现代主义处理手法，在充分利用现状地形的基础上布置功能性广场，并精心配置耐风蚀植被。澳大利亚悉尼霍姆布什湾的奥林匹克公园公共空间尺度较大，属于介入城市肌理的景观类型中的代表“区域”案例，乔治 · 哈格里夫斯团队注重场地的空间尺度，并通过硬质彩色铺装形式隐喻澳大利亚的自然色彩。作为“节点”的案例则有捷克的上广场、芬兰的阿列克桑德林卡图街区、英国怀特林克十字架、美国国会荣誉勋章纪念馆、英国盖茨黑德千禧桥和美国莫伊兰学校操场，从微观尺度为城市更新提供样本。

日前，我国的城市发展模式已经由增量扩张为主逐渐转变为存量更新为主。针对绿地建设用地紧张、公共绿地少而分布不均、老公园设施陈旧等诸多问题，借鉴和学习国外风景园林设计案例显得尤为重要。未来的风景园林设计将更加强调精细化设计和关注人文价值的表达，如何积极有效地改善公众的生活环境，激活城市中消极空间，以文化、艺术为载体，不断更新时代审美，以新科技、新艺术、新媒体等新兴艺术为表现形态，创造出一个既有时代美学特质又具有功能的美好人居环境，是中国当代风景园林师面临的巨大挑战。衷心希望本书的出版和发行能够对中国的风景园林师们有所裨益。

中国风景园林学会副理事长
北京林业大学副校长、教授
李雄

前言

当代景观

随着 21 世纪的发展，人们对景观这一研究领域和专业活动越来越感兴趣。这种兴趣十分广泛，远远超出了建筑、景观、城镇和区域规划等的专业范畴。景观问题已成为社会关注的焦点之一，其背后由一系列因素造成的。例如，城市和农村地区的建筑发展及其相关基础设施的压力急剧增加。同时，一个健康生态系统（尤其是在北半球）的可持续性和维护正在吸引更多人的关注。伴随着这些关注，人们逐渐意识到各级政治家都未能采取有效的补救措施。专业人士、学者和一些相关研究机构发现，人们对景观的广泛兴趣和其所涉及问题的紧迫性，几乎没有引起关于这一话题的新讨论。他们同时也意识到，尽管自文艺复兴以来，景观和花园从传统而言一直是新思想的载体，但我们对当今景观的文化意义却几乎没有新的认识。

乌托邦这一整体概念在 20 世纪的大部分时间都可谓弥足珍贵，但在 21 世纪却显得过时，这源于新世纪的人们故意放弃乌托邦式的理想。在阿卡迪亚看来，尽管这个概念愈加支离破碎，我们仍将在这个新世纪里寻找实现它的可能性。这一理想包括建立独立的自然保护区，使这些区域在某种程度上免受暴力和破坏的影响。景观一直以来都在为我们提供这样心理上的缓冲机会。

20 世纪末，有人认为景观的设计比建筑本身的设计更重要。有人提议，我们至少应该把“绿化”地球和建筑看得同等重要。人们早已接受麦克思 · 比尔定义的“地点形式”与“产品形式”概念完全不同的事实，但直到最近，讨论的类别和范围才各自受到了限制。[1]

20 世纪末曾举办一系列小型会议及专题研讨会，以呼吁更多的人参与讨论景观。其中，1988 年 10 月在纽约现代艺术博物馆举行的“20 世纪的景观和建筑”专题研讨会是一个重要的先驱会议。导演策展人斯图尔特 · 怀尔德在其编辑的一书中介绍了肯尼斯 · 弗兰姆普敦、约翰 · 迪克森 · 亨特、杰弗里 · 杰利科和文森特 · 斯卡利的一系列贡献。同时，其他一些人的贡献在《变性展望》(Denatured Visions)(1991 年）中被提及。尽管其中绝大多数论文具有回顾性和历史性，但这些论点却帮助人们以史明鉴，一方面，它不仅提高了讨论的水平，另一方面，该书还将重点投射于现有的社会文化困境。[2]

上图：菲索雷的美第奇别墅及其花园是一个 15 世纪的乌托邦，是一种人文主义的、新柏拉图式的理想

下图：马达玛别墅庄园（约 1516 年）。由拉斐尔原创设计，后由朱利奥 · 罗曼诺接手，花园由弗朗西斯科 · 达桑加洛设计。该建筑拥抱大自然，享有亚平宁山脉和罗马的美景

新意义、新问题、新定义

20 世纪 70 年代初以来，大地艺术家和装置艺术家的设计实践活动极大地提高了景观设计师们的工作效率。这群经验丰富的景观设计师，非常忠诚执着，并且在种植和设计方面却固守传统。还有少量但正在逐渐被认可的设计师们，他们试图在工作中调和可持续性、资源规划和美学的需求，以创造 21 世纪设计的新先例。这些设计师的数量正在不断增多，同时，他们的工作不但为感知的变化增添了动力，也为过去几个世纪以来发展的景观传统提供了有效的延伸。然而，不管如何，这些设计师们都坚定地耕耘在现代主义设计体系之中。

要定义 21 世纪的现代景观，就必须了解 20 世纪景观和园林设计缓慢而漫长的发展轨迹。现代主义是一个永恒的范畴。早在 18 世纪，现代思想就在欧洲得到了发展。科学的新发现，尤其是大卫 · 休姆、埃德蒙 · 伯克和伊曼纽尔 · 康德领导的哲学思想的戏剧性修正，促使欧洲启蒙运动产生的新思维人士散居国外。

现代主义对其过去的看法通常为：欧洲思想在 18 世纪的关键转变似乎已经构成现代主义范畴的背景。这一背景涵盖了文艺复兴后期，以及熟悉的古典主义语言。同时，古希腊和古罗马时代的古典文化的影响也同等重要。这两个时代中，柏拉图、苏格拉底，特别是赫拉克利特的早期著作都将产生巨大影响。[3]

1785 年，詹姆斯 · 霍尔在《哥特式建筑的历史和原则》(The History and Principles of Gothic Archi tecture) 上发表了一篇具开创性文章。在该文章中，他成功地推翻了瓦萨里的旧前提，即哥特人是“怪物和野蛮人，没有任何秩序，应该被贴上混乱的标签”。[4] 接着，在 1794 年，杜普伊斯发表了一篇显然是亵渎神明的文章，名为《所有信仰的起源：或普遍的宗教》(The Origin of All Faiths：or the Universal Religion)。[5] 至此，古典主义学习结构中出现了裂缝。神性原被纯粹视为大自然的本质，如今这一可能性却遭到质疑。即使在 21 世纪，启蒙运动中关于发条和“机械”宇宙的信仰也逐渐失信。

值得一提的是，如果没有机械科学和生命科学的巨大进步，18 世纪欧洲思想中经典景观的早期动荡时期就不会被认真对待。南半球的探索航行，以及生物和园艺方面的发现促进了这一观念的转变。从爱丁堡到伦敦，从圣彼得堡、巴黎到日内瓦、那不勒斯和巴勒莫，重评景观转变的关键在于

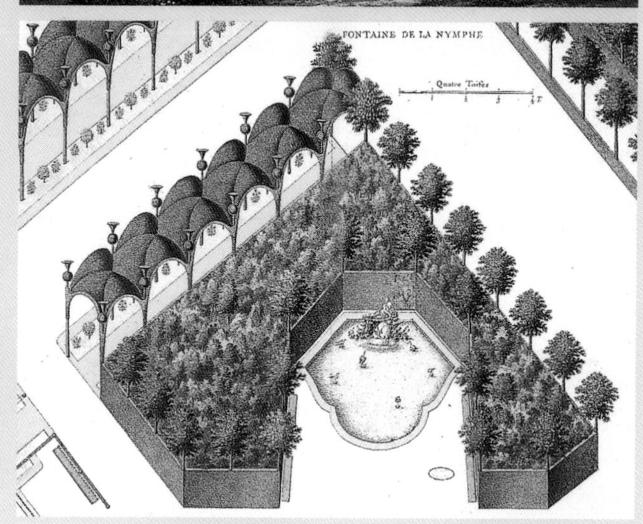

上图：克劳德 · 洛林（1600 ~ 1682 年）牧歌卡佩里与康斯坦丁拱门，威斯敏斯特公爵的收藏。洛林是最伟大的理想化山水画大师之一，他为“古典古代的黄金时代”所痴迷。在罗马周围的乡村，罗马的大平原，他从丰富的古典遗迹中汲取灵感

下图：法国伊夫林的玛利 – 勒罗伊城堡（1713 年），巴黎国家档案馆（“花园建筑 – 阿卡迪亚转置”）另一个古典灵感的例子

植物学和植物畜牧业新领域的发展。植物园和自然历史博物馆一样，其在研究领域的核心地位初显。

人们原先对自然现象的知识增长有根深蒂固的反对意见，如今，基于科学学习的传播似乎与这种意见发生了直接冲突。“理想化的景观”概念根植于文艺复兴早期的多种习俗，且这一概念先于这种进步。同样，景观设计的传统也源于早期的欧洲。

这些概念一方面来源于有围墙的花园，另一方面来源于“荒野”的概念。有围墙的花园这一概念由“波斯天堂花园”发展而来，它被看作神秘和危险的野生森林避难所。如今我们可以得知，显然是野生森林在生态方面提供了庇护。这种定义的根源是古老的。早在乔瓦尼·博卡西奥的《十进制》（Decameron，1358 年）中，天堂的绿色花园就被歌颂。对于波卡西奥当代的弗朗切斯科·彼得拉克（1304 ~ 1374 年）来说，与文艺复兴相关的“视图”（Veduta）已经成为文学中的一个有力标志；他在环游阿尔卑斯山时所描述的观点已经有了 18 世纪大巡回游历的基本特点：

“我们的后方是阿尔卑斯山脉，这一山脉将我们与德国隔开。雪峰高耸入云，进入天堂；在我们面前矗立着亚平宁山脉和无数的城市。波河在我们脚下流淌，将平坦的田野弯曲分割。”[6]

然而，似乎只有牧羊人、隐士和萨蒂尔人居住在城墙外的文艺复兴风貌中。

在 18 世纪英国风景画家理查德·威尔逊的时代，不论农村富有或贫瘠，园林公园都代表了“快乐的乡村田园诗”。[7] 这是新上任的美国总统托马斯·杰斐逊在 1786 年所经历的文化。回到他在弗吉尼亚州的蒙蒂塞洛，有一本托马斯·惠特利关于现代园艺的观察报告。[8] 虽然杰斐逊不是植物繁殖者林奈的追随者，但在林奈科学的植物鉴定方法的帮助下，他实践了一种人性化的园艺，尤其是日记式园艺。

正是在这一时刻，现代主义在景观设计中的真正先例才被看作自然、田园审美与科学基础的结合。这种组合在景观史上是周期性的。欧洲精巧的土地和植物饲养传统可以追溯到维吉尔时代。[9] 然而，景观本身的图像学通过科学得到大幅度的更新。从这样的先例来看，作为“背景”的景观尤其重要，这在克劳德·洛兰（1600 ~ 1682 年）和加斯帕·普桑（1613 ~ 1675 年）的绘画中均有体现。他们绘画中的环境由融合了明显地质地形的建筑组成。在罗马坎帕尼亚已开垦的景观中，即使从岩石中也

上图：金伯利霍尔，诺福克（1763 年）。兰斯洛特·布朗（绰号“能力”）所建的公园。这里的自然景观被重新塑造成阿卡迪亚的“快乐田园风光”

中图：本杰明·佐贝尔，《一位隐士和他的狗》（约 1800 年），一幅由乔治四世国王的糖果师在帆布支架上用彩色沙子画成的画

下图：布拉尼茨公园的金字塔湖（1846 ~ 1871 年），由弗斯特·赫尔曼·冯·普克勒－穆斯考设计的三座金字塔之一

能看出有独立风格的人物和隐士。

如果说“风景如画”的想法是以这种方式成功地实现的，那么杰斐逊带去美国的并不是那种愿景，而是一种“崇高”。兰斯洛特·布朗（绰号“万能布朗”）的建筑让人觉得熟悉，其背后有着科学明确的表达，同时他也渴望杰斐逊等同时代人在探索自己的大陆时所记录的那种莫名其妙的“崇高”。杰斐逊曾于1786年访问过英国的主要布朗计划，他本人熟悉诸如查尔斯·奥尔斯顿（1760年）和约翰·霍普（1786年）等植物学家的工作，他们与矿物学家和自然科学家一起自由研究。位于诺福克郡（1763年）金伯利的湖和公园是在受控条件下与“野生”相遇的“布朗式”的典型例子。[10] 只有在美国，杰斐逊新探索的大陆野外的全部意义才能增强欧洲崇高的概念。

后启蒙、现代主义与园林设计的传承文化

“建筑不是艺术，它是一种自然的功能，它像动物和植物一样从地面上长出来。”

——弗尔南多·勒格

启蒙运动概念在工业化中存活的方式，以及整个19世纪和20世纪的模型，似乎在很大程度上支持而不是抑制了传统的现代主义哲学的发展。然而，这些概念作为现代景观设计的模型，代表了20世纪景观设计师一种理性的自我延续的文化范式。正是这种模式的作用及其对当代景观设计的范围和潜在发展的影响，使得我们有必要发展新思维，并对21世纪的设计参数进行重大调整。

为响应不同的优先事项，景观设计比建筑晚一个周期演变了自己的现代形式。尽管社会规划确实发挥了作用，但其所涉及的社会目标并不占主导地位。形态方面的考虑不那么迫切，并不太受推动国际现代主义建筑发展的功能主义的支配。

对当代景观传统理论基础的考察，往往揭示了现代建筑与景观发展之间的明显分歧。现代主义对早期园林设计风格方面的影响往往来自于立体主义，但这并不足以形成任何可复制或扩展模板。欧洲的景观设计并没有产生与建筑前卫相媲美的一致性。个别贡献仍然是孤立和支离破碎的。显然包豪斯在花园或景观设计方面没有提供任何课程，这也是极其可悲的。其中画家保

上图：大卫·怀尔德的拼贴画，《社会主义梦想》（Constructed Socialism）。1930年，《从乌托邦碎片中构建社会主义》（Fragments of Utopia），1998年

下图：提姆·利乌拉·塔帕尔扎里、安马蒂尔（约1939～1984年），《摇滚壁虎梦》（1982年），画布上的合成聚合物涂料，120.8厘米×179厘米（于1987年，通过入境基金购买于墨尔本维多利亚国家美术馆）。部落领土的古代原住民地图及其所包含的神圣神话

罗·克莱创作的风景作品是为了激励其他的景观设计师。画家约翰·伊顿在包豪斯任教了极为关键的四年（1919 ~ 1923 年），并随后对苏黎世的现代花园项目产生了积极的推动作用。麦克斯·比尔（1927 年）在现代花园领域随之而来的兴趣也是非常有价值的，尽管这种影响范畴仅限于苏黎世。然而，对于欧洲景观设计来说，包豪斯在 20 世纪 20 年代错过了一次极为关键的时机，很遗憾，当时景观和园林设计本可以与当代艺术和设计的其他方面协调同步发展。景观领域设计被遗留至美国，形成了独特的文化，并在其后取得了很好的发展成果。

转型期感知

然而，当时欧洲正在发生重大转变。在对社会进步的渴望下，区域和城市规划领域受到主要影响。这些发展将有助于重新排序常规的优先事项。它们还挑战了 19 世纪由工业机构提出的假设，即"自然资源取之不尽，用之不竭，所有的发展都是一种可以不受限制地传播的自然增长形式"。两位伟大的自然科学家帕特里克·盖德斯爵士(1854 ~ 1932 年)和达西·汤普森·爵士（1860 ~ 1948 年）在环境科学的知识领域讨论方面发挥了重要作用。前者使规划人类住区的科学基础合法化，后者展示了有机和植物生长的基本原则。他们同时代的埃比尼泽·霍华德爵士（1859 ~ 1928 年）已经凭借他的原型韦尔文花园城开创了理想的田园城市规划思想。德国建筑规划师恩斯特·梅很快就在法兰克福附近的赫勒霍夫·西德隆（1929 ~ 1932 年）进一步采取这种做法。梅所规划的房屋不但尊重场地的拓扑结构，而且成功地融入了景观的形式和轮廓。20 世纪 70 年代，曼弗雷德·塔富里曾评论说，这种布局只提供了反城市的乌托邦。然而，回顾过去，我们知道阿卡迪亚已经出现过这种情况。在俄罗斯，目前的重点是休闲的栖息地规划，尽管这是短期规划，但也显示出了类似的愿景。[11]

除去这些创新，没有任何一个欧洲国家的规划设计师像奥姆斯特德（1822 ~ 1903 年）那样。在美国，奥姆斯特德在真正的专业水平上为景观设计奠定了理论基础。不但在保护形式方面表现出色，而且他在设计重要的城市公园时采用了自然主义的方法，这是因为他相信为城市居民提供自然的环境是社会的必然要求。不久之后，建筑师弗兰克·劳埃德·赖特表现出对当时其他建筑师闻所未闻的景观敏感度。流水别墅（1934 ~ 1937 年），闻名于现有的瀑布场地：建筑和场地是不可分割的。

上图：加布里·埃尔格夫雷克兰的立体派花园，旨在补充诺阿利斯·海雷斯设计的现代别墅。法国（1925 年）

中图：勒·柯布西耶，"La Mer Près A Mutril"，1931 年 8 月 13 日（速写本第 1 卷，第 427 页）。勒柯布西耶在他的素描和城市观念中将景观浪漫化

下图：阿达尔贝托·洛瓦、卡萨·马尔帕尔特、卡普里，意大利（1935 年）。现代主义对景观特征建筑认识的早期例证

其他美国从业者，如芝加哥哥伦比亚公园的延斯·詹森（1860 ~ 1951 年）或加利福尼亚州的弗莱彻·斯蒂尔（1885 ~ 1971 年）拓展了景观设计的领域。尽管他们工作的影响起初微乎其微，最终却引发了一场全国性的运动。与此同时，加雷特·埃克博、丹·凯利和詹姆斯·罗斯于 19 世纪 30 年代末均任教于哈佛大学。加拿大 – 英国设计师克里斯托弗·唐纳德在英国感到失望之后，也去了哈佛大学。

欧洲的园林设计本身缺乏现代主义。20 世纪 20 年代，加布里埃尔·格夫雷基安和罗伯特·马利特·史蒂文斯在法国设计的花园从立体主义绘画中汲取灵感，但主要是借鉴了其创作方法。虽然现代建筑师的先锋派主导了理论讨论，并进行了实验研究，但对景观或园林艺术却知之甚少。恩斯特·克雷默在苏黎世州园艺展（1933 年）上首次亮相了泳池花园。古斯塔夫·阿曼也在苏黎世州园艺展展示了他有着独特的有机形式和植物创新组合的彩色花园。观赏过克雷默和阿曼的作品后，国际评论家卡米洛·施耐德评论："未来的花园在性质上将会有很大的不同，它合理地体现了各类植物的特色，并从基本的生物特点延伸出艺术品质。"[12] 巴黎现代装饰和工业艺术博览会（1925 年）和苏黎世博览会（1933 年）标志着现代主义终于融入了景观这一领域，尽管这种融合只体现在小型花园。但这些都是相对孤立的时刻。总的来说，1998 年，让彼得·拉茨失望的"被过度装饰的英式花园"仍然更流行。[13]

建筑师们也意识到了正在发生的变化。20 世纪 20 年代，勒·柯布西耶向穆特里尔的景观致敬。阿尔瓦·阿尔托评论了与意大利风景完全融合的乡土建筑。汉斯·查伦认出了场地的轮廓和位置。布鲁诺·托尔特的阿尔卑斯山建筑（1919 年）是人类栖息地的山褶，它将其与附近的工业分区相结合，不破坏山脉本身的完整性。到 20 世纪 30 年代中期，这种转变愈加明显。在英格兰萨默塞特的切达尔峡谷（1934 年）的游客中心，杰弗里·杰利科与罗素·佩奇合作，将他的现代主义计划和谐地置于一个岩石般的峡谷中。阿达尔·贝托在卡普里（1935 年）附近的卡萨马拉帕特岛的住宅结构与"地点形式"的深度契合，而勒·柯布西耶位于巴黎附近的拉莱尔 – 圣克劳斯（1935 年）的房子里采用了全新的设计，思路使其内嵌在山谷里。

在战后修订现代主义之前，很少有评论家注意这些对地方形式建筑重大、及时的修订。接着，相关理论通过科学发现得以丰富。然而，修订的

上图：杰弗里·杰利科在英国萨默塞特切德峡谷的游客中心进行了实验设计（1934 年）

下图：总结地图，显示费城大都会区的水和土地特征，由伊恩·麦克哈格设计，他领导了保护生态的景观建筑

上图：罗伯特 · 伯勒 · 马克思，里约热内卢达拉戈医院花园（1957 年）

下图：古斯塔夫 · 皮切尔，奥地利电视台，阿夫伦兹（1976 ~ 1979 年）。将建筑形式整合到景观中的意图

重点并不普遍，通过传统的审美话语被丰富的理论较少。在 20 世纪初，园林设计师一直坚决摒弃这些新的发展，并沿着熟悉的路径繁荣直至 20 世纪 30 年代。英格兰的哈罗德 · 佩托继续为富有的顾客设计。而在意大利，他的主要客户是英国人。塞西尔 · 平森德也效仿他的这一行为。他们两人都是娴熟的古典主义者。 20 世纪 30 年代，巴西的罗伯托 · 伯勒 · 马克思创作了反映欧洲立体派画家影响的风景画。他的作品在美国收获了早期追随者，并将现代艺术的力量引入景观。

在第二次世界大战爆发之前，当代景观设计国际运动的发展已经出现征兆。到了 1950 年，盖伦特 · 埃科勃和丹 · 凯利已经形成了他们的现代特色。1953 年，当建筑师兼景观设计师彼得 · 谢泼德出版他的《现代花园》（Modern Gardens）时，伊恩 · 麦克哈格正在宾夕法尼亚大学研究他著名的景观设计、生态学和城市规划的组合。他的开创性出版物《设计结合自然》（Design With Nature）（1969 年）产生了相当大的关键影响，重振了对景观的生态承诺。沙博德搬到了宾夕法尼亚大学，意识到景观设计终于发生了转变。

毋庸置疑的是，从 20 世纪 30 年代开始，现代景观的孕育几乎完全发生在美国。它的发展主要依靠加利福尼亚州、哈佛大学和宾夕法尼亚州的小部分从业者们。对他们工作的学术认可是其主要优势之一。

第二次世界大战期间，杰弗里 · 杰利科亲自执导了伦敦的建筑协会学校。1943 年，他在德比郡的山顶区国家公园（蓝圈公司，1943 ~ 1995 年）设计并发起了一项为期 50 年的景观修复计划，其灵感来源于美国抽象表现主义画家杰克逊 · 波洛克。杰利科将引领英国的景观设计超越了小花园的视角。在实践中，他开发了惯常与历史和先例相关的景观，但也反映了科学思想的发展。他的作品深受美国哲学家约翰 · 杜威（1859 ~ 1952 年）的影响。

几十年的复苏

1938 年，克里斯托弗 · 唐纳德在他的开创性作品《现代景观中的花园》（Gardens in the Modern Landscape）中确立了与现代主义接触的步伐，该书引起了英美国家的关注。随后，加州的加雷特 · 埃克博在他的出版物《生活的景观》（Landscape for Living，1950 年）中确立了现代主义的信条。在这本书中，他提出了自唐纳德 1938 年出版以来，第一个对现代景观的清晰而明确的解释。埃克博对设计师提出了六项关键要求：

1. 否定历史风格

2. 关注空间和模式

3. 具有社会议程

4. 放弃轴线

5. 以植物充当“雕塑”

6. 紧密结合国内花园与房屋设计

到 1953 年，麦克哈格和谢泼德去了宾夕法尼亚大学，唐纳德去了哈佛大学。这就是美国引进人才的积累效应。引进的人才主要来自欧洲，他们涉及的领域涵盖了景观理论和更广阔背景下的实践。路易斯·巴拉干也是去美国的人才之一，他在墨西哥佩德里加尔（1945 ~ 1950 年）的杰出实践预演了他在墨西哥城外的拉斯·阿博莱达斯（1958 ~ 1962 年）的未来。

直到 20 世纪 70 年代，美国和欧洲在景观设计领域几乎没有交流，产生的互动意识更是少之甚少。然而，美国的抽象表现主义艺术却被巴内·特纽曼、杰克逊·波洛克和弥尔顿·埃弗里所接触，而这些人又激发并启发欧洲景观设计师们。因此，美国大地艺术的后续发展成为最具戏剧性的思想来源。

到了 20 世纪 80 年代，通过罗伯特·莫里斯、唐·贾德和卡尔·安德烈等美国艺术家作品中隐含的主要结构回归，日本美籍雕塑家野口勇领导的讨论被充分启发丰富。而当时并没有类似的英国灵感来源。在欧洲，建筑师开创了一条并非毫无关联的发展路线。南非建筑师雷克斯·马蒂森于 1960 年初对希腊寺庙的道路和路线（1956 年）进行了研究，以便为空间概念和路线的物质现实增添新的力量。[14]

或许更重要的是美国大地艺术家罗伯特·史密森、理查德·塞拉、罗伯特·欧文以及 20 世纪 70 年代后期的理查德·迈耶、安迪·高兹沃斯和伊恩·汉密尔顿·芬利在英国所追求的艺术之路。在杰弗里·杰利科于英格兰兰德米德建造肯尼迪纪念花园（1964 年）之后，伊恩·汉密尔顿·芬利的石径路成功地融入了自己的寓言内容。但作为该类型的先驱，恩斯特·克雷默的“苏黎世极简诗人花园”（1959 年）同样适用于此。

20 世纪 60 年代中期开始，一系列与新兴景观思想密切相关的艺术开始涌现。意大利艺术运动增添了景观辩论的热情，其中索尔·勒维特和简·迪贝都做出了贡献。在适当的时候，乔治·德斯科姆的细腻、诗意的风景画和路线，印证了艺术和景观设计中的这种极简主义倾向。

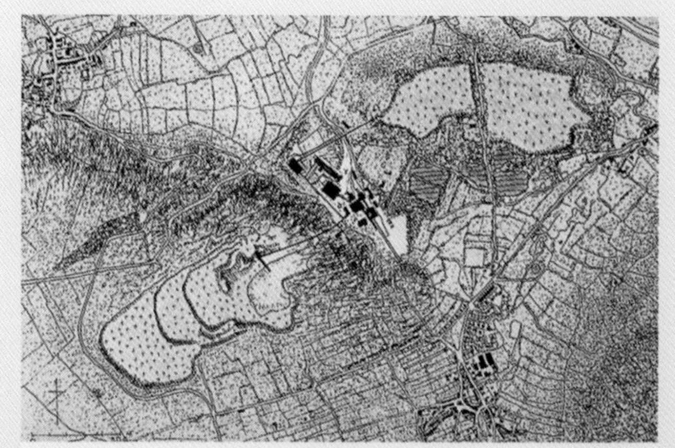

上图：杰弗里·杰利科，厄尔水泥厂，峰区国家公园，德比郡（1979 年）。弃渣改造方案投影

中图：在苏黎世诗人花园（1959 年），恩斯特·克雷默探索了极简主义风格的园林景观设计

下图：罗伯特·欧文，盖蒂中心花园，洛杉矶（2001 年）

后工业环境设计与大地艺术

正如我们所看到的那样，20 世纪末对优先事项的修订，将导致人们重新认识到景观是一种有限的资源。就像适应于新建筑一样，对可持续性的需求开始适用于新的景观。这些景观的设计者注意到环境的脆弱性，对保护政策敏感，且反对占用未来资源。

最后，一个新的模式出现了，建筑师、工程师和景观设计师致力于共同的科学和文化议程。起初，这种明显的后现代接触发生在大量看似互不相关的想法和概念中。然而，正如我们所见，在 20 世纪 80 年代后期，它受到了大地艺术、装置艺术和雕塑艺术的影响，并对极简主义的发展产生了影响。

但人怎么能从田野里抽身呢？
地球如此广袤无垠，人又能去哪里呢？
很简单，他会用墙划出一块地，
建立一个封闭的有限空间，以此对抗地球的无定性，
就是这样的有限空间

—— 何塞 · 奥尔特加 · Y · 加塞特

在威尔士兰彼得附近的多罗科蒂庄园的金矿采矿机械（约 1950 年）。景观中的外星入侵的采矿工程

罗伯特 · 史密森著名的“螺旋码头”（1970 年）可能从这首诗得到了启发。史密森和他的雕塑家朋友理查德 · 塞拉非常担心他们的作品会被保留在风景如画的传统之中。他们努力否定这种想法，并为景观设计师提供一条通往景观中的“崇高”的鼓舞人心的道路。[15]

“崇高”的定义引起了当代批评家们的关注：建筑历史学家科林 · 罗将“美”定义为介于“风景如画”和“崇高”之间的一种特质。[16] 史密森的螺旋码头究竟在哪里？史密森声称，这幅风景如画的景象“就像 18 世纪风景如画的英国花园里一棵被闪电击中的崇高树”。[17]20 世纪 70 年代早期，艺术家们一直在努力解决这些问题，而景观设计师们却对此不屑一顾。然而，不久之后，景观建筑学揭示了一个明显的转变，从主要的美学考虑转向生态优先权。与建筑本身相比，这一转变的意义在于，它让景观设计师有时间充分适应更广泛的艺术和文化领域的创新。然而毋庸置疑，在过去的 20 年中，大多数人在将艺术有效地运用于环境时并不顺利。要将景观艺术的创造性举措融入他们的作品中，就需要对这种思想有新的认识。装饰形式主义与纯洁自然的基本表达之间的轨迹，与在全球范围内蔓延开来的变性幻象相冲突。

景观设计师彼得 · 沃克对一种应用于景观的极简主义艺术提出了其个人定义，并在实践的过程中批判地解决了与法国古典园林设计的明显冲突。这是由勒诺特在昌蒂利的伟大花园的个人经历所驱动的。正如沃克所说：

极简主义开辟了一条探索线，它可以处理一些极为困难的过渡——工艺简化；从传统材料到合成材料的转变，以及人类规模扩张到机械辅助的现代生活（在空间和时间上）。此外，极简主义可以提供一种艺术合理的方法来处理我们这个时代最关键的两个环境问题：资源减少和废物增多。[18]

沃克在这里表达了一种特别的讽刺：通过极简主义与古典主义的亲和力，人们认识到自然的两面性：驯服和狂野。然而，从 17 世纪的形式主义到古典现代主义中幸存下来的理想，仍然是一种在不被自然转换的背景下建造的理想，并且很容易成为一个自我延续的神话。最近很明显，建筑师脱离了这一理想，这导致“去本土化”成为转化产品、商品化和包装的必然理由。正如沃克所发现的，通过这样的历史记忆，当代艺术终于合法化了。像巴尼特 · 纽曼一样，克拉默也知道直线是由它所穿过的表面纹理来调节的。尚蒂伊城堡的清晰“线条”被风景如画派所威胁，然而它的设计师安德烈 · 勒诺特尔却回避了“绘画主义”，史密森和塞拉在 20 世纪 70 年代也是如此。随着真正值得称赞的感知，沃克现在把极简主义拓展为了一条新路，有意义地修复当代景观设计。

上图：季米特里斯 · 皮吉奥尼斯，卫城项目（1995 年），面向菲力波普山，皮吉奥尼斯成功开创了当代硬景观的方法

下图：彼得 · 沃克福克斯建筑事务所，日本兵库县高级科学技术中心（1993 年）

一个新的启示

毫不奇怪，这种古老的“精神价值”的连续性，通常被认为是永恒的创造或拥有任何特定地点的《精神场所》（the genius loci）。现在，拓扑和形态一样，通过对自然有机结构的空间域和动物构造的空间域的分析，更合理地表达了这些无形的东西。[19]

在规划现代景观时，古代美学驱动的透视观已经荒谬地过于简单化，甚至完全过时，需要新的感知方式。这一需求之所以出现，是因为越来越多的顶级建筑师表示希望将自己的建筑融入环境并与之联系，而不是单纯将景观放置于某一环境。或让建筑占据主导地位，而不再是仅仅为了重新创造场地。更普遍地说，重要的是，向“生态设计”的方式转变被认为是摆脱了惯常的优先事项，这些优先事项仍然传播着由古典现代主义塑造的景观观点。

现代主义项目：后现代的再验证

传统设计概念在工业化中得以幸存，并与现代主义哲学相互作用，在整个 20 世纪继续被视为典型。如果我们要修改 20 世纪设计的参数，使之适应我们所处的时代，就必须考虑现代主义设计的先例，以及它在多大程度上预先决定了现代建筑在环境中的选址。像弗兰克 · 劳埃德 · 赖特和最近的雨果 · 哈林、汉斯 · 夏隆这样的建筑师，都展现了一种直观地阅读拓扑结构并相应地联系其建筑的能力。阿尔瓦 · 阿尔托设计的内部和外部之间没有感性上的割裂。

对于景观建筑师而言，20 世纪的景观仍然局限于传统的景观元素，如水景和通过“游乐设施”、“驱动器”和“路径”连接的乔木种植园，这表明了一个长期的定式传统。克里斯托弗 · 唐纳德提出的“现代景观设计与现代建筑的精神、技术和发展密不可分”的主张必须得到每一代人的重新确认。如今，公众对与自然接触的需求不减反增。因此，尽管冲突地区一再严重篡改高科技，但共同的后工业景观迅速扩大了其需求。工业用地成为新的废弃区，这些地方正在努力通过恢复其经济能力、社会或政治意愿以求区域重修。稍显讽刺的是，它们仍等待着现代主义项目的延续。

上图：德国建筑师汉斯 · 夏隆（1893~1972 年）属于 1918 年后的表现主义者。这幅素描（1940 年）展示了建筑和景观的完美结合

下图：阿尔瓦 · 阿尔托，玛利亚别墅，1938 年，内部建筑与外部景观的完美融合

新轴承

“野外边界不易修复。”

西蒙 · 沙玛 [20]

如果要评估景观新视野的范围，我们必须牢记唐纳德的信念，即景观设计的发展必须与建筑学的发展密不可分。我们还必须考虑景观——语境的主要结构目前被纯粹定义为建筑。目前有些事项需先声明。例如，根据规划许可，尤西达 · 芬德莱建筑公司正在建造一座 21 世纪版本的以英国乡村别墅作为权力所在地的象征。该提议与该场地有关，但在其对客户要求的状态的推定中仍然是“可变性的”，甚至有些超乎想象。实际上，“翅膀”与专用于英格兰革命性的全年经济作物生产密封的生长隧道的相似性并非巧合。相比之下，澳大利亚建筑师丹顿 · 科克 · 马歇尔（与克里斯 · 布兰福德合伙人一起担任景观设计师）现在已将他们的巨石阵游客中心计划付诸实施。这对史前遗址的视觉影响微乎其微：这种“嵌入在景观中的抽象形式”只有一条长而宽阔的墙壁的轮廓，被锁定在等高线相关褶皱中不断上升。在其他地方如

城市街区，“后期种”成熟树木和“铺上”天鹅绒草的旧习俗依然存在。这种情形不仅出现在伦敦的福斯特及其合伙人的瑞士娱乐大厦，而且还出现在纽约伯纳德·屈米的非洲艺术博物馆。伊东丰雄的马勒 4 号办公楼也出现了后期栽种的商品化绿树。这些树木都是建筑建成后再添上的植被。

相比之下，彼得·艾森曼为西班牙的圣地亚哥达孔波斯特拉举办的文化之城规划非常成功。它通过设计叠加的微量元素将歌剧院、礼堂和博物馆融为一体。场地地形图和中期城市规划由笛卡尔网格覆盖层协调，使建筑物与地形融合，和谐地增强了现有结构。

恩瑞克·米拉莱斯和贝娜蒂塔·塔格利亚布创造了另一个成功案例。他们为苏格兰议会引用了原始的景观符号，向邻近的古老火山和邻近的荷里路德宫表示敬意。约 1.7 公顷的园景环境一系列具有本地动植物的景观美化了人行道。至于特内里费滨水区、赫尔佐格和德梅隆，则会让人联想到过去的火山，然而相比之下，“人造景观就像一艘船而不是一块建筑”。低矮的屋顶表面成为海滨的游乐场。在内部，人们被有机的、多细胞的拓扑结构“包围”。

西班牙托里维埃贾，东洋伊藤的放松公园通过沙丘的隐喻将潟湖和大海联系起来。该方案将建筑和景观融为一体，使用折叠式贝壳式结构，增强了拓扑结构的意义。在中国长江沿岸 165 平方公里的淤泥上，为崇明设计了一个浮岛。英国建筑师工作室必须在不破坏敏感生态的情况下，在岛上开发一个新的城镇。纽约的菲利普·约翰逊提出了一些想法。有迹象表明，这里将创造一个自然栖息地，这将增强崇明作为“上海花园”的悠久形象。

这些建筑物将在未来 10 年内完工；它们代表了多样性的全球展示，并且在很大程度上表明，所涉及的建筑师和与他们合作的景观设计师都可以在不损害景观及其结构的情况下，在未来实现景观及其结构的协调。

美国设计师有两种小规模的景观方案，适合结束这一预测。由查尔斯·詹克斯为爱丁堡国家现代艺术画廊设计的园景泳池（2002 年）代表了一位理论家长期致力于景观的研究及实践成果。詹克斯在洛杉矶郊外的乡村峡谷（1984 年）的元素之家采用土、气、水和火四个元素。该设计以通过房屋和花园的组合寻求重要意义而著称。这是通过设计一系列花园凉亭来实现的。詹克斯的爱丁堡水景进一步表现了水和开放景观的潜力，尽管在公共和私人参与的不同层面上意义不同。

凯思琳·古斯塔夫森在伦敦海德公园的蛇形公园为威尔士王妃戴安娜纪念馆设计了获奖作品，这一作品完全依赖于水的元素。一个椭圆形的水

上图：恩瑞克·米拉莱斯和贝娜蒂塔·塔格利亚布，爱丁堡的苏格兰议会大厦，将建筑与景观完美融合的计划

下图：查尔斯·詹克斯的园景泳池，爱丁堡现代艺术国家美术馆（2002 年），标志着哲学在景观设计方面的回归

环与现场的平缓倾斜相结合，现在几乎静止不动。这是一个所有年龄段都能使用的设计。这些杰出的当代计划现在都得到实现，这表明景观及其永恒的潜力从某种意义上讲得到了救赎，使人类栖居地具有魅力，并使宜居的目标崇高起来。

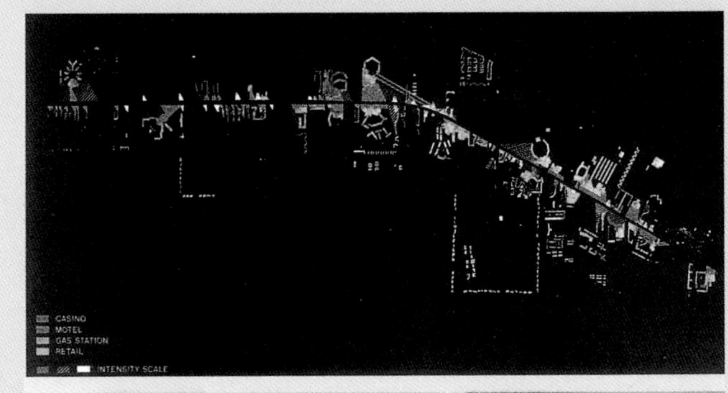

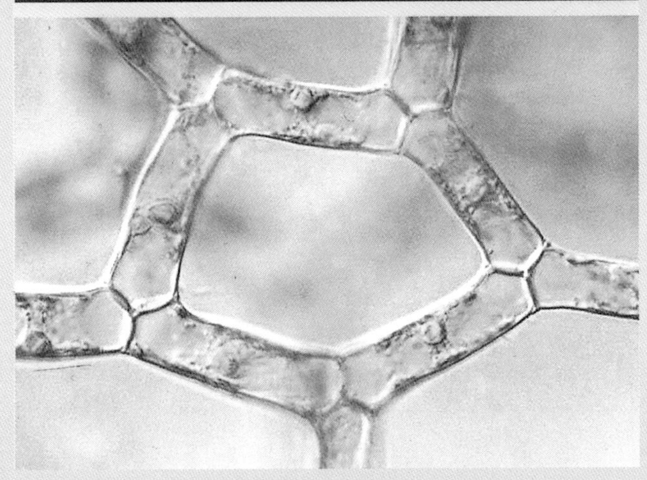

上图：罗伯特·文丘里和丹尼斯·斯科特－布朗，以及史蒂文·伊泽诺，《向拉斯韦加斯学习》（Learning from Las Vegas，1972 年）。拉斯韦加斯大道地图显示交通强度、建筑类型和混合

下图：淡水藻类。细胞生物结构揭示了微观景观，其具有与人类景观相当的复杂性

新观念

如今，人们严厉地指责许多早期现代主义解决方案，因为他们现在已经意识到景观设计在很大程度上成为一项次要设计活动，然而，正是这种情况导致公众和景观从业者都采取了一种非常开放的态度。

在 20 世纪即将结束时，新一代设计师的成长已经摧毁了原有的方式。在战后时代，这一职业缺乏任何持续或广泛的理论讨论。唯一的例外是上文所述的情况。20 世纪 90 年代，法国哲学家让·鲍德里亚作为后现代批评中的一位杰出人物，认为定义有意识思维产物的感性界限已经与现实相去甚远，以至于不存在明确的现实或自然。尽管电子模拟数据有令人信服的追随，但所有的数据都是二手的。鲍德里亚说："所有的推持以及和推持类似的东西现在都是模拟的，也就是说，它们被预先铭刻在解码和编排中，它们的呈现方式和媒体仪式中可能产生的后果都是预料之中的。"[21]

2001 年 9 月 11 日，曼哈顿指出了这一假设的荒谬之处。事实上，作为一种品质，真实性最终似乎正在增加。尽管如此，社会越来越善于创造虚拟事件，而建筑物和景观特别容易进行计算机化的虚拟分析和重新呈现，甚至达到设计提案越来越不能传达现实的程度。[22]

近半个世纪以来，地方和地方形式的电影记忆预示了虚拟景观的这些陷阱。经典的杰作是阿兰·雷斯奈斯（1964 年）的《去年的玛丽安巴德》（Last Year at Marienbad）。在书中，站在水疗酒店前的人物有着阴影，然而正式创建景观轴的乔木并没有，这是今天这种困境的先见之明。同样，彼得·格林纳威的《画师的合同》（The Draughtsman's Contract，1984 年）说明了景观如何将记忆带入现实。作为这种思维转换的一部分，电影过程类似于一个过程，在理论上，今天的景观设计概念可以从一种遗传算法中推导出来，遗传算法要求某些关键布局参数以代码脚本的形式表示。与任何自然进化过程中的自然变异和交叉过程一样，选择的程度也因此被识别，从而可以用编码表示法预测最终形式。

因此，景观设计师最终不再寻求克劳迪安的宁静景观，而是在秩序与混乱之间寻求一种微妙的平衡。我们越来越意识到秩序来自自然，混乱来自人类。比如，通过可逆命运之城（在 2010 年由新川和玛德琳 · 金斯设计），可以看出理查德 · 道金的扩展表型模型的看似毫无戒心的转移。空间（包括建造的形式）是人体的编码扩展。建筑环绕基于细胞模块，其导致“复杂外壳与由三个，五个或七个平面组成的地形模块配对”。用创作者的话来说，它们“将形成一个丘或倾斜形成一个凹陷”。外壳模块可倾斜，或根本不倾斜：在设计实践中，每个单体都将拥有一个园景露台。居民可以在绿化活动中沿着人行道连接来回移动，在渴望的秩序和令人着迷的混乱之间保持平衡。

20 世纪 60 年代，法国规划师约纳 · 弗里德曼研究了早期设计模型中不确定性的性质，他专注于栖息地、储藏、通信和生产的综合作用。同样，阿克格拉姆小组的彼得 · 库克（1974 年）的工作实践也值得注意。库克的海绵城市设想了一个建造好的栖息地，用于定期城市更新。建筑师塞德里克 · 普莱斯还在极端灵活和适应性的背景下探讨了构建环境的无限可扩展性（1960 年）。20 世纪 70 年代，对所谓的“智能建筑”的研究寻求一种“认知自主性”（即有机体自主提高的能力）。这种有远见的概念当时由于缺乏电子技术而受到限制，无法在任何可适的范围内验证其潜力。景观设计界无法理解，在适用于建筑或景观时，这些创新对设计理论及其实施是否有影响。

在多数情况下，建筑师最终在该种思想中起了带头作用。1996 年建筑协会的一次会议上，约翰 · 弗雷泽宣称，建筑“与环境有着开放的关系，可以产生新的形式和结构。建筑不是一幅静态的存在画面，而是一幅与自然世界交流的动态画面。”[23]

如果在这种自然的“景观”中，“自组装”和“自组织”的双重现象可以构建具有形式和功能的大型“分子组装”和超分子“阵列”，对新景观的影响将很有趣，并足以调动景观专业人士的新讨论。纵然建筑师被批评为“对景观的未来猜测过多”，他们仍然为所有从事环境工作的人开启了鼓舞人心的新设计之门。同时，生态与美学或文体优先之间的周期性辩论会继续，并将定期得到解决。

事实上，正如上文所提及的那样，罗伯特 · 史密森这样的艺术家已经提出了很多鼓舞人心的想法。在启蒙时期，画家对景观和园林设计的影响很大。但今天，通过自 20 世纪 80 年代以来激增的大地艺术装置，现代景

上图：彼得 · 库克（建筑电讯学派），海绵城，1974 年

下图：可逆命运之城，东京湾，由新川和玛德琳 · 金斯设计（2000 年）

观得到了极大的重新构思。通过这种艺术，人们对大自然产生了新的崇敬，并对其在地球上的工作进行了新的认识。田园风情现在很普遍。接受和理性化现代理论前沿，是景观设计师为整个社会服务的先决条件。在这样做时，他们将最大限度地发挥地球上“所谓天堂”的潜力，因为人们总倾向于选择更好的天堂，而不是丢弃它。

注 释

1. 马克思 · 比尔使用“产品形式”一词表达工业设计对象通过操作约束和人机工程学功能来定义的趋势。弗兰姆普敦（《建筑评论》，1999 年 10 月，第 75 ～ 80 页）借用了这个术语，将其与“地方形式”进行比较，并引起了“高科技”建筑师的关注。他们从现代生产方法的角度重新解释了建筑的工艺 ，以及谁实际参与了主要由生产方法决定的创造（第 78 页）。这种趋势如今比 1999 年更加发达。弗兰姆普敦还提供了一种替代的地形定义：“基础的地形元素，其以某种方式作为重量级场地构件投入地面，为其上方的轻质生产结构提供了很直接的抵抗力”。
2. 建筑协会于 1995 年 3 月 17 日举行了一次题为“景观恢复”的专题研讨会，该研讨会由艾伦 · 巴尔弗主持。随后，于 1995 年 3 月 18 日在伦敦皇家学院举行了研讨会。该会议由作者担任主席，并于 1996 年将会议内容整理出版，名为《景观改造》（Landscape Transformed）（迈克尔 · 斯彭斯编辑）。这两个既独立又相关的事件开辟了新的领域，主要集中于 1995 年之前的工作。在此之前发表的两项调查都有些过时，一是萨瑟兰 · 莱尔的《设计新景观》（Designing the New Landscape）（1991 年），二是迈克尔 · 兰开斯特的《新欧洲景观》（The New European Landscape）（1986 年）。到 1995 年，这两种新版本都略有更新。马克 · 特雷布所著的《现代风景园林：批判性评论》（Modern Landscape Architecture：a Critical Review）（1993 年）提供了有用的评估。但是，对于过去 10 年设计重点的重大转变，仍没有全面的调查和分析。欧洲和美洲最近的出版物虽然指明了新思维的方向，但仍没有提出明确的指导。
3. 后来，很明显，加尔文主义和路德教思想从 17 世纪起就深刻地影响了科学和哲学的发展。18 世纪对古遗迹的痴迷与地质学和占星学领域的新扩展同时发生。启蒙运动以科学为基础，作为一种激励力量，具有重要的意义。寻找将过去和未来时间参数联系起来的普遍真理，颠覆了古典遗产的永恒性。
4. 在 1972 年纽约现代艺术博物馆出版的《论亚当的天堂之家：建筑史上的原始小屋思想》（On Adam's House in Paradise：The Idea of the Primitive Hut in Architectural History）一书中，约瑟夫 · 里克威特对詹姆斯 · 霍尔爵士作了充分的讨论。正如赖克特所说，霍尔的浪漫理论被弗里德里希 · 冯 · 施莱格尔的作品“轻蔑地驳回”，第 5 卷，巴黎，1794 年，第 194 页。
5. 《奥里奇德图斯邪教：你的宗教世界》（Origine de tous les Cultes：Du le religion Universelle），巴黎，1794 年。
6. 《来自彼特拉克的信件》（Letters from Petrarch），由 M · 毕肖普选择翻译，布鲁明顿，印第安纳大学出版社，1966 年，第 152 页。
7. 大卫 · 索尔金、理查德 · 威尔逊：《反应的景观》（The Landscape of Reaction），伦敦：塔托画廊，1982 年。由索尔金主持的这场展览为威尔逊的绘画和与客户的关系提供了一个新的视角，传达了一种贵族的乡村生活观念。有关完整讨论，请参阅第 1 章“幸福的乡村生活”，第 22 ～ 34 页。
8. 托马斯 · 惠特利，《伦敦现代园艺观察》（Observations on Modern Gardening），伦敦，第二版，1770 年。
9. 吉尔伯特 · 海特，《风景中的诗人》（Poets in a Landscape），伦敦：鹈鹕，1959 年。全面描述维吉尔土地其他人的工作与他们的历史和地理背景。
10. 多萝西 · 斯特劳德，《万能布朗》，伦敦：费伯，1975 年（第一版，1950 年），兰斯洛特 · “万能” · 布朗完全记录了斯特劳德，他选择了诺福克郡怀德蒙德的金伯利大厅，因为“湖面扩大到 28 英亩”。

这个 1763 年的计划比梅尔顿 · 康斯特布尔（也在诺福克郡）的计划早了一年。也见约翰 · 霍普《景观改造》一书中描写的兰斯洛特 · “万能” · 布朗的生存，编辑迈克尔 · 斯彭斯，伦敦:学院版，1995 年，第 38 ~ 43 页。

11. 达尼尔 · 费多罗维奇 · 弗里德曼（1887 ~ 1950 年）1930 年在为绿城设计的项目中，提供了和谐的森林公园动态、静态休闲区；米哈伊尔 · 日罗夫（1898 ~ 1977 年）也在莫斯科（1929 年）的文化和休闲公园中绘制了大量景观和种植。但这些例子都较为罕见。
12. 卡米罗 · 施耐德，“Die Gartenbau Ausstellung（苏黎世州园艺展）”，《保护花园》（第 10 版），1933 年，第 199 页。
13. 彼得 · 拉茨，最初引用于“风景”，“乌多韦拉赫导论”，《远见卓识的花园：恩斯特 · 克雷默的现代景观》（Visionary Gardens: Modern Landscapes by Ernst Cramer），巴塞尔：伯克豪斯出版集团，2001 年，第 9 页。
14. 希腊建筑师迪米特里 · 皮基奥尼斯在设计靠近卫城的地区时，就表达了这样的想法。
15. 在犹他州的盐湖，史密森借鉴了当地的传说，即“螺旋建造的湖泊实际上是无底洞，与太平洋相连”。史密森无意中渴望的永恒的品质成为最后一次仪式的证据，因为湖面水位无法预料地上升，吸收了一代人向大自然致敬的象征。然而，这座雕塑在 2002 年重新浮出水面。
16. 科林罗，《善意的建筑：走向可能的回顾》（The Architecture of Good Intentions: Towards a Possible Retrospect），伦敦：学术版，1994 年，第 111 ~ 113 页，第 117 页。
17. 参考罗伯特· 史密森，参见伊夫 - 阿兰· 博伊斯，“在克拉拉 - 克拉拉享受风景如画的漫步”，十月，第一个 10 年，1976 ~ 1986 年，编辑迈克逊、克劳斯、柯伦普和克切克，剑桥，MIT 出版社，1987 年。第 342 ~ 372 页。也参见罗伯特·史密森的“弗雷德里克·罗奥姆斯特德与辩证风景画”，《罗伯特·史密森的著作》，编辑南希·霍尔特，纽约:纽约大学出版社，1979 年，第 118 ~ 119 页。
18. 彼得·沃克，“极简主义花园”，空间设计（SD），《艺术与建筑月刊》，东京，1994 年 7 月，第 25 页。
19. 20 世纪 60 年代末，科学家理查德· 道金斯提出了“扩展表型”的概念。但是直到最近，研究科学家才充分注意到这种理论所涉及的生理学观点的概念。对同一自然现象的研究，即达西· 汤普森所追求的有机体，如今引领了分子和生物学研究的过程。这种研究对现代景观的形态有着明显的影响。新技术使人们能够对这些现象进行更密切的分析。有机体的“境界”现在被认为是不可分割的，就联想而言，对于给定的物种来说，来自生物体本身。这不可避免地直接影响到景观的空间概念。新达尔文学派的修正理论在这里对有机体本身的概念失去了兴趣，并积极地利用正在出现的关于决定生命的基因结构的信息。
20. “因为在我看来，野外和耕种之间的边界，以及过去和现在之间的边界，都不容易修复。”西蒙·沙玛，《景观与记忆》（Landscape and Memory），伦敦：丰塔纳出版社，1996 年，第 574 页。
21. 让· 鲍德里亚，“美国”，《拟像与仿真》（Simulacra and Simulations），翻译，S· F· 格拉色，密歇根州：密歇根大学出版社，1984 年，第 12 ~ 13 页，第 91 ~ 92 页。
22. 新川和玛德琳，《建筑设计》，第 68 期，第 11/12 号，1998 年 11 月至 12 月，第 42 ~ 45 页
23. 约翰·H·弗雷泽，《进化建筑》（An Evolutionary Architecture），伦敦:建筑协会出版社，1996 年，第 21 页。

城市公园

本书中的32个案例研究被划分为四个不同的组（可能略有重叠）。本节包括在广泛且不同的地理环境中部分或全部完成的近期大规模的设计环境案例。

这些项目由景观设计师主持。并且是跨学科的，建筑师、工程师和艺术家们也时常参与其中。爱尔兰18世纪的卡斯特考克斯公园（2002年）最近在科尔文和莫格里奇富有想象力和充满学术风格的修缮中得以恢复，这与杰奎琳·奥斯蒂的法国亚眠圣·皮埃尔公园形成了鲜明的对比（1994年）。圣·皮埃尔公园则是通过非凡的创作技巧，对具有悠久历史的城市的郊区进行的精细设计处理。

其他大型景观项目还有长谷川弘的新田城市。这个水上休闲公园由以群岛为基础的桥梁、花园和岛屿上的最大表演艺术中心组成。这类公园包括新兴的历史公园，例如土耳其加利波利半岛和平公园中的记忆景观。它由约翰·朗斯代尔、奈克·朱斯特拉和史蒂夫·里德以及沃尔克·乌尔里希共同构思，至今还只是部分建成。在这里，他们对330平方公里的关键地区进行了系统的考古研究，从而对以前冲突地区的路线进行了编排。这种记忆景观与更传统的墓地形成了对比，比如意大利的德国军人公墓（厄斯特伦和罗索，1967年）是建筑用地艺术的杰作，也是一个有价值的先例。同样，任何20世纪的历史景观都不应该忽视英国的等同物，即帝国战争墓地委员会精心建造的战争墓地，就像卡西诺那样。位于卡西诺的波兰人墓地同样令人印象深刻。

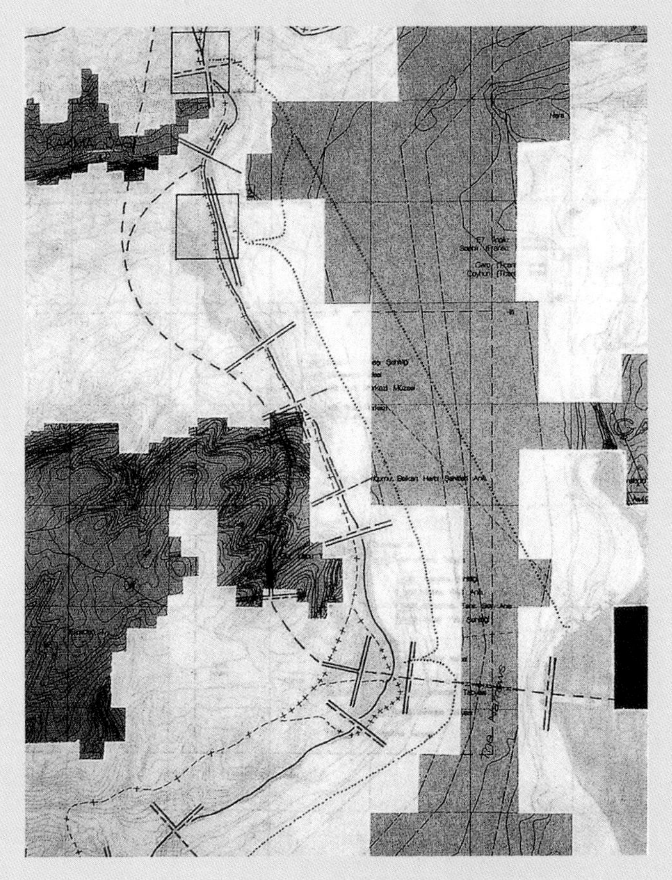

和平公园记忆景观，土耳其加利波利，由一个团队设计：约翰·朗斯代尔、奈克·朱斯特拉、史蒂夫·里德以及沃伊克·乌尔里希（1988年）。景观美化纪念公园目前的发展

记忆公园是一个重要的范畴。在里面我们还可以找到最近在德国卡里塞完成的吉贡和盖耶的作品。它戏剧性地，以完全极简主义的现代模式，沿着关键的景观特征——即德国北部的条顿堡林山，彻底地赢了罗马人。

公园用地越来越多地包括重要的公共计划，目的是通过工业、军事或长期污染来减轻重大的政治损失。达纳吉瓦和科尼格公司位于西雅图的西点污水处理厂就是一个很好的例子，它展示了一种消解污水处理的视觉效果的设计。在德国杜伊斯堡－诺德的埃姆歇公园，彼得·拉茨的工作成功地减轻了大规模的工业问题。公园地区规模的先例体现了伊恩·麦克哈格在华莱士·麦克哈格合伙人事务所的“山谷先驱计划”（1963年）中发展起来的研究方法，并涵盖巴尔的摩以西的大片地区。最近关于可持续性的工作来自已故的约翰·莱尔（1934～1998年），他在加利福尼亚州开展了一项题为“可持续发展的再生设计”的开创性研究。弗雷德·菲利普斯在科罗拉多河尤马东湿地的恢复和再生工作最能说明这些原则的大规模发展和实际应用。

公园是景观中很有实用价值的一个类别，尽管业界普遍承认启蒙运动中出现过其重要的原型，但也包括19世纪和20世纪城市公园的一段重要进化和发展。公园的出现部分源自中世纪的运用和娱乐项目。那时候特意保留乡村地区，供人们猎取追捕动物，这项运动通常骑马或徒步完成。但后来公园另有用处。公共卫生脏乱差，城市拥挤不堪，人类长时间遭受鼠虫疫和传染病的威胁。在这种情况下，公园即成为一种对抗手段的媒介。那时，正如人们心里相信的那样，公园确确实实将成为城市的“肺脏”。

20世纪后半期，景观设计师愈加试图利用现状的水资源，例如河流、湖泊、池塘和海岸线。如果没有水资源，则进行人造，以此达到理想的效果。公用土地的出现即见证了英国景观大师杰弗里·杰利科的重要战后设计作品，以及西尔维娅·克劳威的作品，这两位均为20世纪景观发展的鼻祖。

瑞典龙讷比疗养院内的公园由斯文·英格瓦·安德松设计，它的发展代表着园林艺术中一个更为限制的领域。安德松曾经常与丹麦艺术家合作，回到瑞典于龙讷比再现了近乎消失的35公顷庄园，建造了规整有序岸线的湖泊。

通过定义来看，考虑到巨额投资，这一章节中的“公共土地”景观设计主要包括专业景观设计师的作品。这些作品从大量作品中脱颖而出，体现了一些特定的设计原则，而这些原则在很大程度上反映了直到20世纪90年代才初露头角的后工业时代人类对于生态和可持续发展的思想觉悟。从美学和哲学的角度来看，以上均体现了设计师对于人类与脆弱的大自然之间的关系以及自然植物、动物本身的脆弱性的思考。然而同时，田园艺术家的影响也日渐深远起来。正如安德松所表明的，在龙讷比的作品设计中，雕塑家理查德·塞拉和克里斯多给了他灵感。对于空间的操作是重中之重，而不是对于空间中元素的操作，但是同时也要求大众对于空间设计有与之相对应的感知和理解。当安德松被问及设计出的那一大片河水区域时，他回答道：“龙讷比的公园很棒，但是你需要思考你到底建造出了什么。”

毫无疑问，菲格若斯设计的巴塞罗那植物园体现了公园设计的精髓，同时为之后类似的作品提供了一个可供长期参考的模板。以上两个例子中的公园均很好地满足了敏锐的公众娱乐和休闲的需求，这种做法很智慧，值得一提的是这种植物园的传统甚至可以追溯到启蒙运动时期。

龙讷比疗养院的公园（由斯文·英格瓦·安德松于1987年设计）

城市公园
Parkland

卡斯尔敦·考克斯
Castletown Cox

爱尔兰基尔肯尼县，2001 年
County Kilkenny，Ireland，2001

科尔文和莫格里奇
Colvin & Moggridge

对页图：由科尔文和莫格里奇协调的景观规划。房子在正中

民族建筑风格化和折中化的缩影常常通过意译的形式体现出来，这远远超过最初建立此建筑的本国领域。位于基尔肯尼县的卡斯尔敦·考克斯正是这样的一个例子，因为卡斯尔敦·考克斯建筑风格的浓缩对其周围环境和建筑的作用是等量齐观的。卡斯尔敦·考克斯建筑是对英国文明的赞颂，同时其本身也是一个混合英国和意大利元素的有趣凝聚体，且这一特点在北美白人和爱尔兰人权势的完全统治下变得更加显著。意大利籍法国建筑工程师 Davisco d'Arcot 在 18 世纪中期以戴维斯·达卡特（Davis Duckart）的身份来到爱尔兰，他表面上愿意为他的新国家所同化，但前提是不能损害他的意大利文化基础。

戴维斯·达卡特在爱尔兰的第一个主要乡村建筑是 Kilshanig，此建筑于 1765 年为一个银行家庭所设计，但是卡斯尔敦·考克斯于 1770 年才开始建造。这两个建筑都显示了一个相似的主体平面：L 形的房屋翼部和两个对称的穹顶亭阁。显然，戴维斯·达卡特对于古典的英国官宅很熟悉，这可以从帕拉提奥式建筑家科伦·坎贝尔（Colen Campbell）在其 Vitruvius Britannicus 文献中的记载看出。此文献的出版时间比 1725 年几乎早了两代（约 60 年）。卡斯特的布局和由约翰·范布勒爵士设计的霍华德城堡的布局是一致的。然而，詹姆士·吉布斯（James Gibbs）的双穹顶建筑似乎反映了最早由科伦·坎贝尔在英国诺福克霍顿庄园设计的穹顶建筑的特质，而 18 世纪 20 年代，坎贝尔去世后，詹姆士·吉布斯吸收了这种穹顶的做法。在建筑的选址上，不论是一手的或者是二手的资料，都展现了戴维斯·达卡特对于建筑的熟悉程度，同时也展现了兰斯洛特“万能”布朗的理念。布朗对于 1763 年布伦海姆宫殿的改建有着深刻的影响，对于更早的克鲁姆园亦是如此。由布朗推动的英国发展加强了间接的概念，而不是贯穿整个公园到达建筑的一种中轴线关系。这种概念对于 18 世纪的英国建筑是十分合适的。但是，卡斯尔敦·考克斯从来没有过公园。

当科尔文（Colvin）和莫格里奇（Moggridge）设计的哈尔·莫格里奇和马克·达温特在卡斯尔敦·考克斯公园正式展出时，尽管风景清晰显示了布朗一直强调的可以发展的可能性脉络，设计师们必须从零开始。他们和他们的委托方看到了周围环境的这种特质，所以通过当代风景园林设计技巧与历史文化的组合，在公园建立之初的 225 年之后，为公园的规划带来了丰硕的成果。

如今，卡斯尔敦提供了一个完全未遭破坏的景观序列。其通过入口到达，然后进入这座建筑。室外细节设计是达卡特完成的，人们可能认为这位设计师古怪而又具有意大利风格，建筑内部装饰则反映了爱尔兰瓦匠 Patrick Osborne 的熟练技艺。通过丰富的洛可可灰泥装饰图案和超大型的细木工工艺，总体的结果可以说是真正的、没有拘束感的爱尔兰风格。卡斯尔敦被称为完整的杰作。既然周遭的公园已经和建筑一起重建，卡斯尔敦的新主人——George Magan 先生和夫人，也开始重新修复这些特质。大部分最初土地已被买回，203 公顷的公园现在成了建筑的补充部分，大约 8 万棵树种植在这里。最初被分离的湖和运河得到疏浚，它们最初由达卡特开创，因为他曾经接受过工程师的训练。这里建造了一堵很长的隐垣来完成他的传统使命，即无形地保护这个重生的花园，使其远离那些啃食哈尔·莫格里奇草地的牲畜。

科尔文和莫格里奇或许是英国成立时间最长、最杰出的风景园林工作室。他们的作品既包括当代的园林设计，也包括恢复和改造项目。在职业生涯的早期，哈尔·莫格里奇曾经和杰里科爵士一起工作过（1990 ~ 1996 年）。他以现代主义为规律基础发展了一种方法，这种方法的特点是，学术的方式、充分和严格的调查，以及一个可持续的数据库的应用。其在卡斯尔敦所面临的挑战完全是现代的：完成项目的能力怎样和现存问题的复杂性相和解？这些复杂性体现在：现存的法令法规、不断扩张的当地林业供给和不少于三个当地相关规划合作的总体缺乏。为了完成这个项目，哈尔·莫格里奇和马克·达温特尽力处理了这些问题，然而，最后整个项目的完成进度被拖延了。

从一个更宽广的俯瞰视野来看，卡斯尔敦·考克斯从一个自然地小圆丘开始，统治了 Suir 河的中央平原。从 Slievenamon 山到西部，穿过山谷到南面更低的山，以及遥远而古老的 Comeragh 山，视野都是开阔的。当地的砂岩和未抛光的蓝灰色大理石立面在田园式的风景中脱颖而出，同时调和了西南方向的建筑轴线，以便能够更真实地体验环境中更宽广的视野。新的植物种植用于提高在新建入口

View to parkland beneath canopies
View to Slievenamon

卡斯尔敦 · 考克斯

右图：卡斯特 · 考克斯，主楼，南立面

下图：从房子望过去，沿着新的林荫道走到山里

对页上图：重建后的公园

对页下图：达卡特于 18 世纪 70 年代开凿的湖泊

处的景观序列，遮挡住从建筑的角度看完全没有必要保留的新乡村发展的景象。这是一个连续的、爱尔兰薄雾的景观，它的灰色、蓝色和赭石色调使得保存下来的古老全景显得生机勃勃。建筑被新近栽植的树木“锁”在里面，但是有一些已经被砍伐。更大的意外收获是东面的水渠得以保存下来，它实际上是一个湖。从达卡特开始挖掘运河开始，它就已经为这条水渠供水，滋养这片土地。

建筑师轻微调整了西部入口的私人车道，极大地改善了视野，同时，也使得房子里的人们拥有更广的视野。一条重要的山毛榉大街朝向西方，这在总体规划中已经得到了实现。由委托方建议的椭圆形水池插入隐垣和西南立面的轴线之间。水已经在卡斯尔敦·考克斯扮演了重要的角色，并且这个角色会随着泳池和桥的介入得到加强，泳池和桥同时也是为了西南方的新入口而建的。新建的桥靠近南边的公园，鼓励游人在此做一个短暂停留，从而体验建筑正前方的轻微视线轴线。这个场景使得“美丽”的概念和“伟大”的概念并驾齐驱，而这种融合则正如爱尔兰哲学家埃德蒙德·伯克（Edmund Burke）所倡导的那样（他的哲学思想在万能布朗的作品中得到证明）。伯克(1729 ~ 1797 年)是都柏林人，与卡斯尔敦的创始人麦克尔·考克斯（Michael Cox）处于同时代，他是 Cashel 的大主教，1761 ~ 1765 年在政治和文化方面都极其活跃，他同时还是爱尔兰大臣的私人秘书，而这些哲学中的美学理论在当时的爱尔兰是相当流行的。

对于今天的参观者而言，他们能首先看到整个房子的轴线，然后越来越近，直到建筑东北前庭的终点，这种在车道上连续性的扫视大大提高了他们参观卡斯尔敦·考克斯的体验。前院种植着成片的树，标志着建筑周围比例上的转变，并为现存的植物提供一个框架。全封闭的入口也被保留下来，通过科尔文和莫格里奇以及委托者的精心策划，传统隐垣、草坪、花坛和铺装、花园、高草、球茎和春花，以及屏状栽植的组合，从整体上促进了建筑和风景相得益彰。支持农业用地，避免过度放牧造成的生态破坏，并提供天然的冬天牧草。

哈尔·莫格里奇及其合伙人事务所负责人马克·达温特保证，建筑最终完全是令人印象深刻的环境的焦点。它通过具有当代特质的严密性，以及对场地和时代的历史文脉的精确理解，将历史重新界定。

城市公园
Parkland

圣·皮埃尔公园
Parc St Pierre

法国亚眠，1996 年
Amiens，France，1996

杰奎琳·奥斯蒂
Jacqueline Osty

对页上图：地势全貌

对页下图：整体景观规划和地势中的横断面

在20世纪90年代的亚眠市——古老的皮卡第省决定了其历史悠久的过去已经越来越快地为人们所遗忘。旅游宣传册主要趋向于集中甚至是有些执着于宣传亚眠在第一次世界大战时的角色。议会在城市的北部选择了一个区域，它曾经是废弃地，现在作为新公园风景园林设计竞赛的主题，目标就是要让一个被遗忘的区域获得重生，并且让它成为能够体现亚眠市传统特性的经济和宗教中心。被选中的区域提供了一个独特的机会，在大教堂附近创造一个新的可通达空间，从而唤醒从北部到城市的一条行人路线。水是催化剂，同时也是主要的且未开发的财产，场地以Somme河及其支流体系相互联系和分界。

在48个国际参赛者中，年轻的法国风景园林设计师杰奎琳·奥斯蒂（Jacqueline Osty）最终以竞赛优胜者的身份脱颖而出。杰奎琳·奥斯蒂曾经在凡尔赛受过国家高等景观生态领域的培训，她的主要强项之一是具有详细的城市设计知识，并且对场地本身有着深刻的认识。在这个项目中，她迅速地意识到水是解决问题的关键，并且水已经以各种角色贯穿在场地中，但同时其作用在逐渐减少。

作为一个绸缎纺织地，亚眠市有着悠久的历史。从中世纪开始，工厂已经开始影响水体的管理。Somme河沿着场地的边缘流向南方。因为修道士过去常常可以批准小块土地的使用权并且管理着灌溉等事宜，所以大修道院对于附近的耕地也有重大的影响。Boulevard de Beauville高架高速路分开了被称为Étang St Pierre和Étang Rivery的两个重要的河畔区域。Étang St Pierre河畔十分受垂钓者的欢迎。Étang Rivery滨河地区包括一块名为Hortillonages的蔬菜地，这片土地是Somme河与附近Arve河的岸边经过几百年的泥沙堆积而形成的。这种类型的土地一度在亚眠市占据了1000公顷，但在1990年只有15公顷保留了下来。这些蔬菜地是非常重要的，曾经为那些与公共管理的运河相联系的堤坝提供灌溉服务。经过一系列严格分级的经济作物通过像平底舰一样的小船运送到市场，并且每年都会出产三种作物。议会决定为后代保留这种传统。因为丝绸经营商总是要求水位最低，而这足以冲毁蔬菜地的种植床，所以在丝绸经营商和菜农之间总是存在着冲突。今天，保护现场和环境协会（Association pour la Protection et la Sauvegarde du Site et de l'Environnement）有责任维护运河与堤坝的可操作性，同样重要的是维护场地的社会、文化和生态历史。

对于如何发展两个重要区域，杰奎琳·奥斯蒂仔细地进行了规划。首先，她处理了为城市所有的15公顷土地；第二，她重新考虑了大约6公顷左右私有土地的分配情况，其中的大部分为Hortillonages所拥有。在这两个区域中水是重要的催化元素，它将场地规划的各种用途融合在一起。其中包括一项精确进化的水利工程规划，目的在于保证水道的各个层级保持活力。保留下来的Étang St Pierre不仅是沼泽，更是一个湖泊，几个世纪以来它保证了由芦苇和灌木组成的自然生态系统，稳固了场地的边缘。奥斯蒂在水体的边缘用木平台为钓鱼提供便利，从垂直于高速公路的角度开发了一条主要的硬质散步道Promenade du Jours，大量的路堤和台阶标志着人行道和高速路的结合，这种结合同时变成了一个观景平台。

亚眠大教堂的主体和穹顶引领着向南的视线。奥斯蒂设想，圣·皮埃尔公园是城市记忆存储地，它的场所意识和可辨认性通过大教堂确实得到了提高。在公园的北部，三条水道建立起一种网络，一条水道从支流，另外两条水道从河道本身而来。百合花园的基址即位于此。在公园的南部，Bras Baraban河的支流建立了一个清晰的界限，一座行人桥从中穿过，Allotment河在接近Somme河的地方重新引入，并且从每一条拉船道上都可以到达此地。

完成了方案的两部分后，面向东面的Étang Rivery在精心运用高速路下预先存在的运河隧道的情况下与Étang St Pierre相连。一座小型步行桥插入了隧道，并且跨越了运河。Étang St Pierre及其葱翠的水景园一起，经由小路逐渐向南。在这些小路上提供了观察大教堂的不同视线，当他们到达Somme河时，渐渐地显露出一种更加不规则的特性。Promenade du Jours大道是主要的人行轴线，因为一排新种植的法国梧桐而显眼。整个水景园向南开敞并且和木平台的通道相交织，这些木平台深入现存的沼泽地，为游人提供私密空间，并鼓励人们探险。平静而广阔的Etang St Pierre区域反射了大教堂的轮廓。

奥斯蒂一直是果断的，并且保留着创作概念的完整性。当需要雇佣专家时，比方说水利工程师或者是建筑师，她已

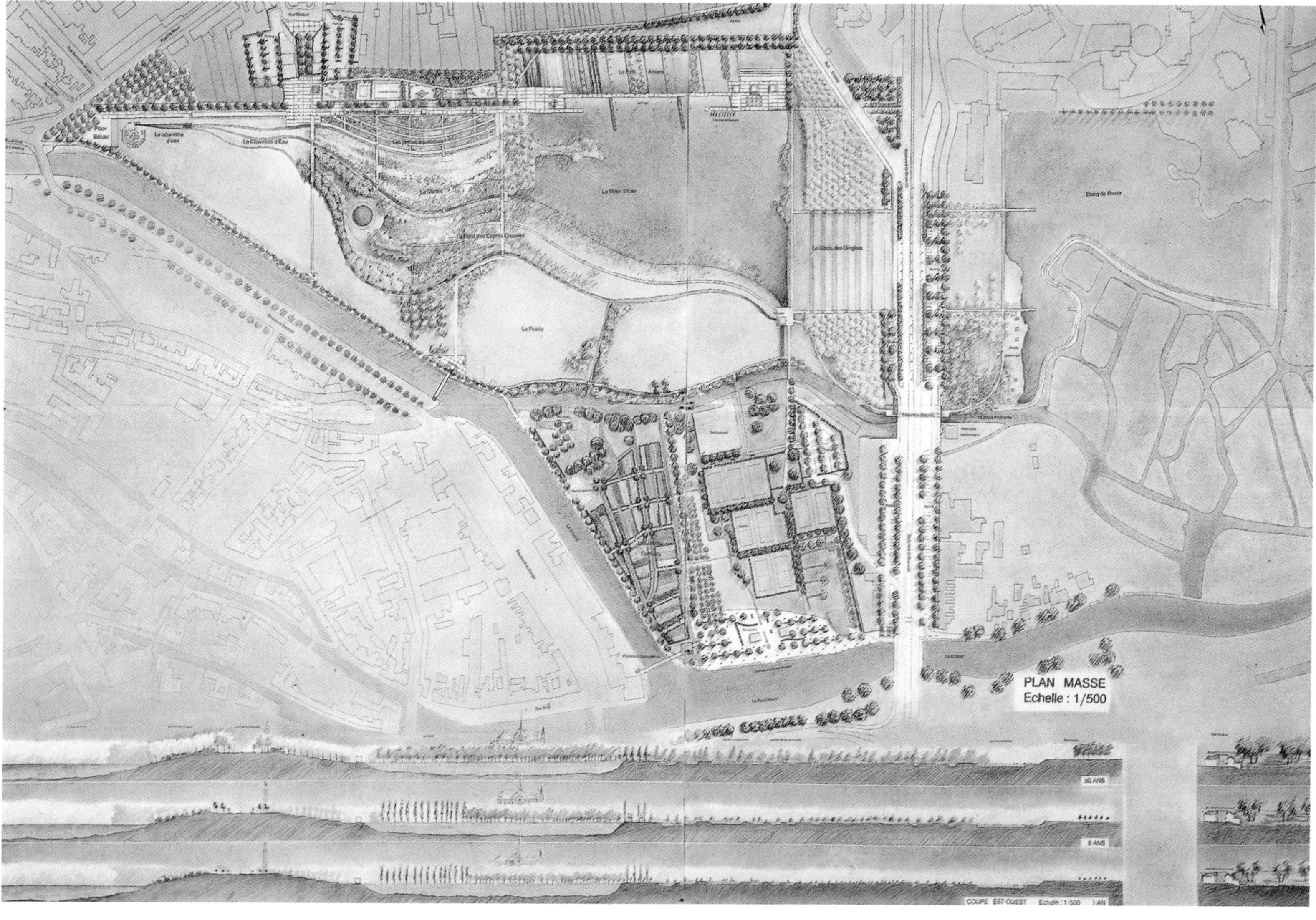
PLAN MASSE
Échelle : 1/500

右图：穿过沼泽地的高架通道，经过有荫蔽的亭子

对页左上图：有柳树的沼泽池，近距离种植以重建德斯豪提纶那吉那斯度假屋的历史样貌

对页左下图：在长廊南侧建立的水上花园

对页右图：大教堂长廊，面向大教堂

经学会如何控制大局。Maurer and orgi 建筑师事务所特别受邀请参与设计一个金属的凉亭，以便为大道的关键占地创造一个起点。种植设计对于预设的环境而言非常特别，在树木和植被而不是花卉上集中。然而，颜色已经成为一个关键的组成部分，奥斯蒂选取了物种，用以实践和观察效果。在高速路的斜坡上，她以网格的形式种植了银杏，以减少堤岸的影响。美国落羽杉是移植来的另外一个物种，后来证明它完美契合了 Étang 的生态条件。落羽杉在每个方面都与水面建立了紧密的联系，并且形成了更加丰富的植被，在沼泽和开敞的牧地之间调和。为了丰富季相色彩，普遍栽植了杨树、柳树、稠李和桤木。奥斯蒂通过精心管理保证了现存钻天杨和白柳树的稳定性。另外一个附加的季相红利是色彩的极度丰富性，而这是通过公园西南部的植被配置实现的。

在评价奥斯蒂的成就和她以充满天赋的形式完成亚眠市议会的委托时，人们就意识到了这些事件背后的一致性。奥斯蒂承认水的催化价值存在于每一个阶段，并且以各种规则和自然的多样形态运用它。这帮助她发展了一种清晰的路线结构，允许行人沿着精心建立的路线行走。道路唤醒了一种自由感，允许人们以一种既宽广又独特的视角漫步其中。这既没有低估风景园林师对于重塑整个城市的意义，又使我们想到了城市的过去，并且向居民展示了城市的文化遗产和发展前景。奥斯蒂提供了文化的连续性、意义和诗意。

右图：从博维尔大道陡峭的斜坡穿过公园

下图：连接公园与城镇的桥梁

对页所有图：亚眠，维尔维特，亚眠，索米耶尔（“亚眠有绿植和蓝天”）

作为传统意义上的一个大教堂城市，亚眠坐落在园艺和水景中，拥有各种不同的风格。正如这些图片所示，奥斯蒂提供了许多新的和多样的组合

城市公园
Parkland

埃姆舍公园
Emscher Park

德国北杜伊斯堡，1993 ~ 2001 年
Duisburg-Nord，Germany，1993-2001
彼得·拉茨及其合伙人事务所
Peter Latz & Partners

对页左上图：埃姆舍公园，显示工业设施仍在运作时当地高度发达的密度

对页右上图：埃姆舍公园，与景观元素交织而成的工业原料

对页左中图和左下图：工业原料

人行桥被重新投入使用：金属结构考古学。废弃物品的“区域”被公开投入使用

对页右下图：Metallica 广场向这座钢厂的历史致敬

埃姆舍公园位于 20 世纪德国工业中心地带，是为风景园林设计师彼得·拉茨保留的项目。一系列事件伴随这个项目而来，它们对整个风景园林思潮进行了很大程度的修订。这种征兆在彼得·拉茨及其合伙人事务所之前的萨尔布吕肯市港口岛项目（Hafeninsel）中已经显现了出来，港口岛项目在 1985 ~ 1989 年之间进行。萨尔布吕肯煤炭码头的基址曾经位于市中心附近，场地占地 9 公顷，整个的场地堆满了炸弹碎片和乱砌毛石。拉茨认为，那些创造了这种城市废弃地的战时爆炸物以其特有的方式诉说着历史，所以他不采取移除的方式，而是开始强化，包括受爆炸影响的土地表面、堵塞的水池和已经在后两代人之间迅速兴起的生态系统。这个过程揭示了一项更加深刻的工业遗产，否则其会永远消失。通过这种方式，拉茨将港口岛场地的工业历史和城市当前的交通基础设施相联系，重新构想出公园、人行道，并对视线轴进行了视觉调和。

如果港口岛被称为 20 世纪的一种构想，那么埃姆舍公园则是以 21 世纪的公园出现在拉茨的规划中。在港口岛，他建立了一种本质是“开放公园”的概念，体现了不断改变和发展的理念。而埃姆舍公园并没有这样的机会。杜伊斯堡以前巨大的钢铁厂与外观坚固的工业重型设备的遗物一同被废弃，在过去的半个世纪里，动植物繁茂而无限制地生长在这块人工地貌的土地上。无疑这里也出现了一些稀有物种，生态系统在没有人工干预的情况下得以扩展扩展。工业遗迹包括鼓风炉、巨大的烟囱、起重机、废弃的铁轨、转轨道和车棚、铁桥以及巨大的矿石堆，其中矿石堆中有 4000 万吨高质量的生铁。最紧迫的问题是：若把它改建成一个休闲公园，使所有可利用的 230 公顷湿地充分发挥其未来的可能性，是否所有的废弃物都能安全地转变，并且是否在经济上具有可行性？

与港口岛的做法一样，拉茨在场地上推行规划模数网格，从中建立起事物的潜在模式。通过这种模式，他明确了三种物质的现实框架：由水池和连接的水渠组成的水系；由轻轨或铁轨组成的改善过的走道；一系列长而向上的人行道。通过这些元素，自然地形的等高线和截面保留了下来，然而，整个结构却完全是一种人工结构。拉茨不得不通过幻想的记叙方式来适应这些令人沮丧的结构。他采用了一种方法，与亚瑟·埃文斯（Arthur Evans）爵士在克里特岛的 Knossos 使用的方法大致相同（1899 ~ 1935 年）。同时，他用一个孩子的思维自由地翻修这些工业遗迹，而不是用庄严的事实对值得尊敬的建筑遗迹进行欺骗。在采访中，拉茨将规划中用到的一种必然的小说式叙事方法与在山顶上盘旋的猎鹰相提并论。

尽管拉茨并未打算复制意大利文艺复兴花园，但他承认在公园中模仿了 Bomarzo 花园的怪兽。在整个 19 世纪和 20 世纪，他意识到了工业对生态造成的威胁，以及由埃姆舍公园的金属怪人造成的邪恶预感如何将人们带入未确定的 21 世纪。

埃姆舍公园充满着对自然的全新理解。拉茨在他的事业初期从事园艺工作，在转到风景园林设计之前学习了城市规划。埃姆舍公园中自然的理想并没有被风景所迷惑，对于拉茨来说，自然通常脱离于风景园林，风景园林作为一种文化环境而存在，而自然是一种自我决定的力量。在埃姆舍公园的熔炉之中，他创造了一种完全人工的金属花园，即 Metallica 广场，对于参观者而言它是一个集会点。广场同样展现了金属的两大自然属性。即使许多年后，这些工业的基础设施依然会唤起游客对于这些固体的硬质产品的记忆，提醒人们这个需要 1300℃高温的工业生产过程。如今，广场受到风雪和高温的侵蚀，不似从前精神饱满。在拉茨的眼中，这是自然的过程之一，这种过程和传统风景园林设计中精心种植的植被生长过程是一样的。

Gleisharfe 是该场地另一个有特色的地方。它与那些重复的废弃铁路交织在一起，所以每条向下的轨道都和其前一条向上的轨道相互作用。拉茨在设计的早期阶段就发现了很多有趣的结构，并构想出了该铁路公园的创意。事实上，这种与大地艺术的精细形式的明显相似并未逃过他的眼睛。而且，拉茨会认为，穿过许多建筑和景观的轮廓，这种工程人工展示的实现，仅仅只是为了强调，在现代风景园林设计的背景下，这些分歧在很大程度上是多余的。

与此形成对比，拉茨在建筑物中设计了一个圆形的蕨类植物园，这种做法也更常规。在先前的煤库中，他设置了一系列小型的种植区域，这个结构将中世纪“封闭花园”（Hortus conclusus）隔绝开来。它的顶部是一个大头轮，在总平面

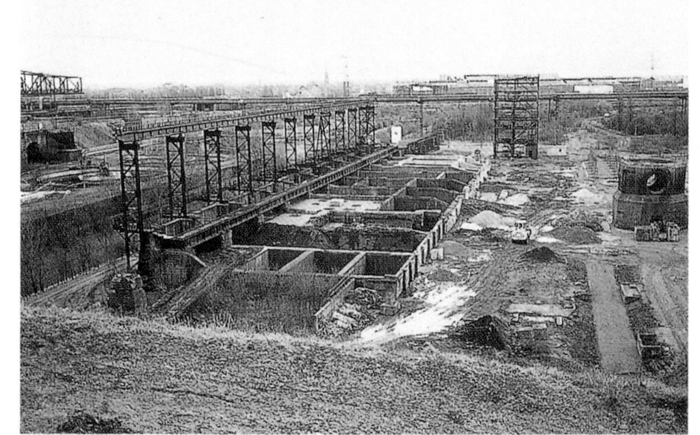

右图：新的行人台阶和人行道穿过旧工业的大型冗余结构

下图：蕨类植物园及其建筑细节

对页图：考珀广场

右图：风向标和运河。风力发电被用来清洁和运输周围的水

对页上图：人行天桥穿过用雨水灌溉的清水渠

对页下图：从埃姆舍公园俯瞰北杜伊斯堡，展示了废弃土地上自然随机的植被恢复，给人一个完全出乎意料的绿色背景

上为水提供循环。当巨大研磨机上升时，拉茨玩了一个小小的讽刺游戏，提供一种简单的交叉标志“M.T”（Monte Thyssino），这是对战时修道院的 M.C（Monte Cassino）拙劣的纸牌游戏一种模仿，同时也是欧洲最大的钢制造商的双关语。在北杜伊斯堡，欧洲的历史记忆融入了游戏之中。所有这些都使拉茨的创造成为风景园林史上伟大的里程碑，反映了 21 世纪娱乐社会所传承的真实历史。

城市公园
Parkland

横滨港口公园
Yokohama，Portside Park

日本横滨，1999 年
Yokohama，Japan，1999
长谷川弘
Hiroki Hasegawa

左图：模型概述细部，展示景观护堤与建筑形式的紧密结合

右图：在水边，不同材料集成的屏障，精心细致且确保安全

下图：由 setts 建造的路径

对页图：总体场地规划，揭示组件与新种植园的整合

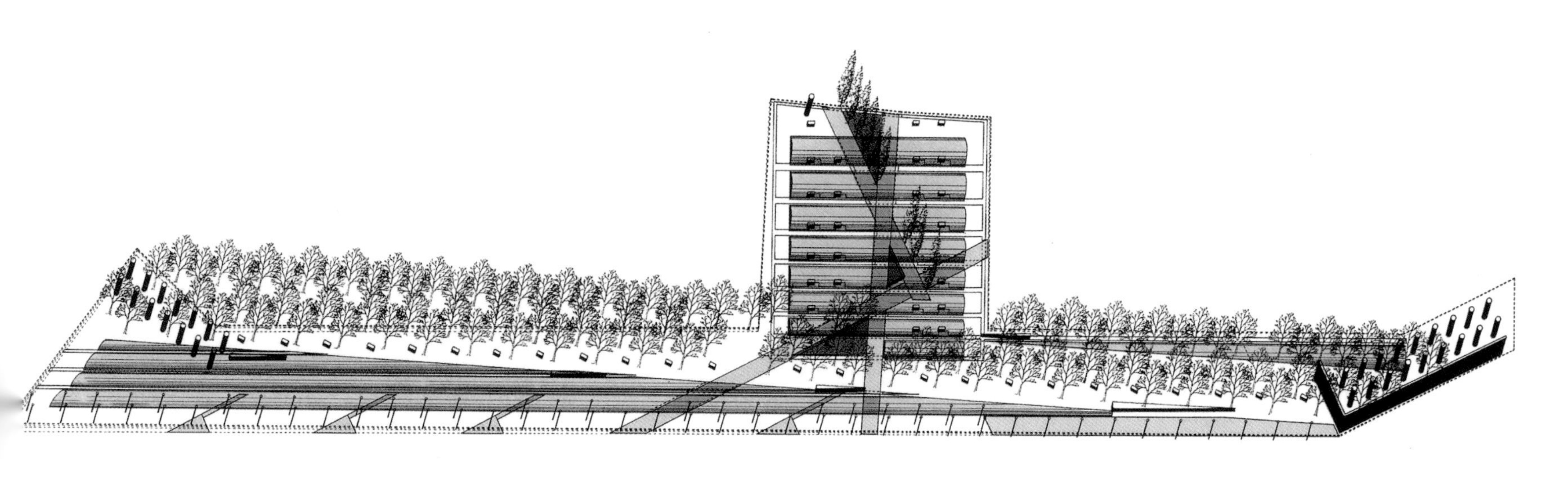

横滨是日本众多工业城市和海港之一，在那里，政府把滨水地带的发展看成“城市综合性开发”这个新概念的一部分。一段时间之后，这里将会完全替代过时的基础设施，这些设施是过去错误观念的遗迹。在横滨，建筑师将新的滨水地区建成公园。长谷川博己（Hiroki Hasegawa）对东西方的风景园林史都很熟悉，因此他采用了各种现存的风景园林设计的惯用手法。他将鹅卵石碎片作为铺装，精密地置于其中，而用钢元素、木甲板、砖广场、草坡和乡土植物一起来唤醒人们对于这一地区历史的回忆。这同时也开启了一个意义非凡的未来，因此这里多种景观格局交织，早期倾向增长。尤其值得一提的是，不同反射性元素的应用不仅吸引了游客的视觉兴趣，而且还创造了兴奋感。

整个公园布局具有层次性，草坡平行于滨水区，贯穿了整个场地。设计师运用了一种精确的视觉语言形式将海洋的特性和城市的特性融合到了一起。

长谷川博己将公园主入口设计为波浪形的草坡，其中有一些是规则的装饰图案，而另一些则被切断，当它们到达水线的时候形态上便逐渐减小。两行榆树大概有400米长，这便是滨水林荫大道的全长。每两棵榆树之间的距离相等，中间为木质的平台。设计师故意将场地设计成缺乏明确边界的样子。用长谷川博己自己的话说，他想创造一个“没有界限的花园”，就像鼓励芦苇和当地草本植物等乡土植物播种，而同时这些植被又被预制的混凝土地块所保护，这些混凝土块不仅维持了土壤条件，而且减轻了海浪的影响。这是一个充满活力的滨水地带，孩子们可以自由地漫步，而且整个主路、小路和甲板既有助于游戏，又有助于休闲和思考。精心设计的低矮木栅栏包围着水体，以此形成水体边缘。

如今，大量的城市都很珍视着重恢复重建的滨水地区发展，而最初这些地区作为海运或者码头遭到废弃，现在发挥其用处，并让更多当地居民参与其中得到重建。时光飞逝，自然植被将繁茂生长，以此重现工业化之前的历史景象。

在大阪公园之中，长谷川博己采用了一种与横滨相似的设计模式，尽管规模稍小些。与Studio on Site事务所一起，他做了一系列关于现存土地和先前土地利用模式的研究，以此反映先前存在的历史农业体系。

长谷川博己于1993年与这个事务所一同设计了文化馆南园，方案的核心为对一个象征性森林的构想，森林中散乱分布的外来物种侵入一排排抽象的树，且草坡与人工设计的森林形成了一种反韵律的对比。

长谷川博己的项目经过了6年的时间，后续的进展展现了一种成功的风景园林演化哲学，这种哲学认可相对规则的元素和更自然的种植之间的相互关系。

对页左上图和下图：纵向护堤，中间有花岗石设置的小道，沿水的边缘在轴线上运行，提供游玩和休息的空间，而码头则以一个角度运行，为水上提供平台

对页右上图：带继承灯的工作台细节

上图：水上的个人码头加强啦水和水边人行道的连接

下图：晚上，公园的入口处有点亮的信标，右边是树下区域，左边是私人聚会场所

方赞塔公园
Fontsanta Park

西班牙巴塞罗那，2001年
Barcelona，Spain，2001

曼努埃尔·鲁伊桑切斯
Manuel Ruisánchez

上图：原河床沿线场地的横断面

下图：一般场地景观规划。这条废弃的河道因其向中央通道的转换而受到重视

在过去的10年里，所谓的“景观修复”项目规划比例达到了前所未有之高。这种分类和过去纯粹的景观保护并不相同，且在很大程度上被环境保护者所忽视。“景观修复”类别下的风景园林作品反映了人类对环境的滥用，创造了经济、权宜规则和环境垃圾。通常来说，对于当地居民而言，这些物质在物理性质或者化学性质上有毒，有时候两者兼有。废弃的军事基地也属于这一类别，不管它曾经是武器测试或训练场地，还是战场、飞机场或雷区等。阿富汗乡村的大部分地区在遭到高技术精准轰炸之后，就是这样一个例子，同样的例子还有第一次世界大战后索姆河的战壕。而广义上的工业和商业垃圾（废物）则代表了另外一种分类（参见《彼得·拉茨设计的埃姆舍公园》，第38～45页）。

这种景观现象是人造的，而且在一定程度上已经是一个全球现象。直到21世纪，社会才开始间歇性地处理这个问题。面对植物衰败和退化场地的剧增，以及致命废弃物和遗弃生活垃圾的增加，这个处理过程是很微不足道的。风景园林师要标记废弃物的状况和程度，以及它对先前存在的风景的巨大影响，这类似于考古学家和地质学家的方法。风景园林师接着就开始了彻底改造场地的过程，这需要在建立人类及生态参与的新模板之前把所有的历史的影响考虑其中。

方赞塔公园位于巴塞罗那市的郊区，是1994年那次由市政府组织的竞赛产物。中标者是西班牙的风景园林师曼努埃尔·鲁伊桑切斯（Manuel Ruisánchez）。该项目于2000年竣工，如今，景观循序渐进的自然修复可以说是完全展现出了效果。

方赞塔公园是一个隐喻，它代表了一种现实的、自然的复兴过程和可行的经济政策的结合。在没有高额搬迁费用的情况下，加强对城市废弃物管理这种做法得到了此项目的承认，而不是对自然环境保护的运用。

当准备设计真正的公园时，以某种形式存在的水体永远是一种意外的收获。出于同样的原因，需要重新建立一个具有预先存在的河流的场地。在方赞塔公园，现存的排水体制似乎使之看上去完全不可能，基础设施和小气候的变化导致了河流的枯竭，在10多年前倾倒的垃圾形成的锯齿状的、有皱纹的轮廓下面，先前存在的河流形成的痕迹还依稀可见。尽管原先就存在着地质和地表结构，为了创造一条长沟，设计师还是以一种不规则楔形的全新样式重新铸造了古老河流的边缘，沟谷和采矿石的特性才使得温度走向了明显的极端。曼努埃尔·鲁伊桑切斯和他的设计团队在设计该地区种植方案时利用了这一特性，他们引入了荆豆、榆树和含羞草等许多物种来丰富沟谷的植被。另外，他们还种植了柳树和橄榄树等，这些植物能与那些在倾倒的时候生了根的植物一起和谐生长。

全盛时期的垃圾场作为工业区和居住区的一个缓冲带，这个事实似乎和制裁它的政府完全不相关。20世纪初，一任更开明的政府意识到，在这个场地上建造风景公园将会提供一个散步、玩耍、游憩的地带，甚至能将居民区与工业用地融合起来。办公室职员和工人在一年四季都需要一个地方休息和放松，同时，当地居民也急需一个公园。

在公园建造过程中，建筑师精准地确定垃圾堆积物顶端的地形和表层结构，创造出新的人工台地，用坚固的石笼加固，然后用表土稳固，经历了这个过程之后，原有的垃圾碎片被充沛的植物所覆盖，布满了整个山坡，在水沟的底部自然地蔓延。新种的枫树和白蜡很快地成长起来，如天堂般美丽和丰富。在原有古老河流的岸边，藤本种植与其形成了一个完美的对比：春花烂漫取代了空罐子和破瓶子的死气沉沉。弯曲的河谷不断出现，所有均到达了底部30米（100英尺）深的河床底部，像一个泉池般地令人着迷。建筑师在河谷的顶部建立了一个池塘，在设计中，曼努埃尔·鲁伊桑切斯绝妙的一笔强调了河流的缺失，同时也利用了当地历史的现状。他沿原有河床建造了一条连续的蜿蜒小路，这条小路偶尔因台地或者遮阴的休息点而断开，而通向更开阔的、由茅草组成的类似牧场的长列。曼努埃尔·鲁伊桑切斯真正设计了一条漫步之路。

在河岸线或者河口的顶端，有一个波浪状的开阔区域，那里面有一个足球场，且再往上走可以到达停车场。方赞塔公园已获得了成功，其中的活动对比鲜明。在它的一端，人们欢笑玩耍，而河流靠上的另一端，人们静静冥想。似乎对周围的居民和职员而言，公园将会永远是一个无价的、具有再氧化功能的绿肺。因此，方赞塔公园绝不仅是由当地丑陋景象的解决之道生成的一个杰出的加泰罗尼亚，它甚至可

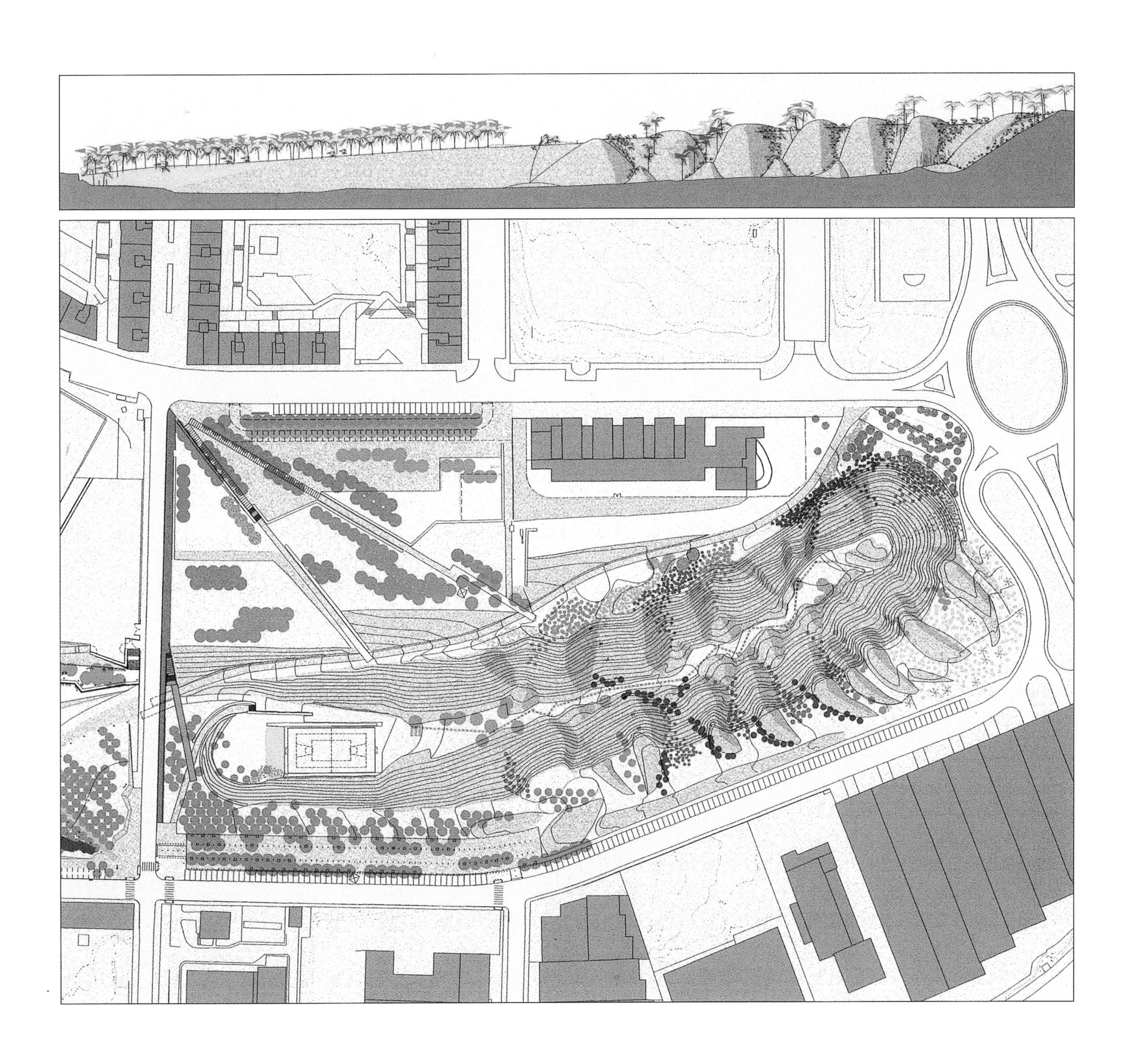

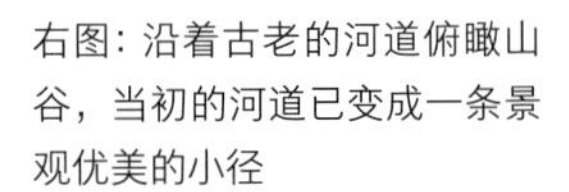

右图：沿着古老的河道俯瞰山谷，当初的河道已变成一条景观优美的小径

上两图：从公园入口处开始，连续的梯田标志着步行道进入公园，俯瞰下面绿色保护区

下两图：行人通道与通往地盘边缘的车辆路线分隔

以被看作类似于 sans frontières 这样的必要改造项目典范。在这个时代，面对着越来越严重的遗产缺失问题，风景园林师必须努力解决。这个简单却又具有决定性的项目既体现了社会危机的困境，又象征了这类问题的解决出路。

西点污水处理厂
West Point Wastewater Treatment

美国西雅图，1999 年
Plant，Seattle，USA，1999

达娜婕娃和柯尼希联合事务所
Danadjieva & Koenig Associates

对页左上图与对页右上图：安吉拉·达娜婕娃的素描展示了在新建的挡土墙系统中天然植被的使用，有效地筛选了处理厂

对页下图：处理厂仅从空气中明显可见

西雅图的木兰社区或许是这个城市最具有代表性的。因其靠近西点的军事基地（于 20 世纪 80 年代废弃），这里的居民享受着一种异乎寻常的私密感。这个废弃的军事基地使新的规划得以充分实施，随着围绕军事设施的军队建筑保护圈的突然消失，现存的污水处理厂大规模扩建。这种感觉就好像是没穿衣服的皇帝，起码住在木兰社区那些可以俯瞰皮吉特湾(Puget Sound)的居民是这么认为的。在原来的军事基地上，建筑师计划建立一个名为“探索公园”的 216 公顷(535 英亩)公园，随着西点污水处理厂的扩建，木兰社区的富人们深深地感受到他们的公平待遇受到了威胁。这引发了一个主要的矛盾，而就在此时，具备智慧和远见的西雅图居民委托风景园林达娜婕娃和柯尼希联合事务所制定方案，既提出了本质上的扩建，而又不显得那么突兀。

安吉拉·达娜婕娃（Angela Danadjieva）曾就读于巴黎艺术学校。她出生于保加利亚，做过国家电影行业的布景设计师和模具工，经过培训，她获得在旧金山劳伦斯·哈普林合伙人事务所工作的机会。独特的工作经验让她自信地接受了西雅图市政府的任务，政府先前了解到她与哈普林合作的西雅图高速公路园，这一项目通过各式各样的水元素和布满大量植被的巨大甲板，将一个被州际公路 5 号分离的市中心区整合。

安吉拉·达娜婕娃从哈普林那里学会了许多。对于西点这个项目而言，价值 5.78 亿美元的处理厂需要通过风景园林要素获得不着痕迹的隐藏。安吉拉·达娜婕娃通过谈判获得了一笔 8670 万美元的特殊预算，以此作为缓冲期的基金。安吉拉·达娜婕娃曾一度想通过一个巨大的风景盖子将整个厂区盖住，但是这个方案很快又被其否定，她明智地想到，风景园林将会提供一种更具智慧的方法。

达娜婕娃和柯尼希联合事务所意识到可以通过西点场地真实等高线来减小污水处理厂的可视面积。工程师安置了大概 32 公顷(80 英亩)的“脚印”，但其最终被只有 12 公顷(30 英亩）所代替。通过更加精细的风景园林规划，将整个厂区挤压成一个更小的区域，设计师们在保留区建了一个 1000 米（3500 英尺）的挡土墙，高达 18 米（60 英尺），包含 27000 立方米（35000 立方码）的堆肥土壤，而且种有大量植被。从项目早期开始，Danadjieva 就运用了一系列等高线模型得出一个挡土墙建造的最佳方案，墙呈波浪状，以便游人和大众穿越灌木和乔木行走。这种规则的、雕塑般的元素定义通过电脑生成的线性框架得到很好的调整和完善。通过这些措施，安吉拉·达娜婕娃画出让人身临其境的草图。公共小路蜿蜒盘旋于自然广袤的植被中，这一作品证明了其价值。后来，又种植了各种各样的乔木和植被，使地被和行人视域达到最大化。

正如安吉拉·达娜婕娃所证明的，完全没有必要在整个场地加盖一个屋顶，因为场地上几乎没有位置可以看到工厂。相反的，这种波浪形的雕塑混凝土墙式的建筑方案提供了一个新的布局设计思路，这样既可以隐藏工厂的轮廓线，又可以引导游人通过一个风景园。工作人员移植了大约 13000 株乔木、51500 株灌木地和 10000 小块的楔形草坡，通过长距离的灌溉系统，植物持续而快速的生长得到了保证。

这个巨大工程的时间进展十分引人深思，也展现了半个世纪以来公众和市民的态度是如何转变的。1952 年，在西点壮观的地标性场地上，城市建成了价值 1290 万美元的污水处理厂，当时公众对于这一举动几乎没有任何异议。10 年后也赢得了公众的赞誉。那时部队获得了 12 公顷的基地，劳顿要塞于 1972 年转交市政府，于是场地也变成了如今枝繁叶茂的探索公园。旧的污水处理厂在 1987 年变得十分显眼，以至于西雅图市市长通过落实拆迁和移动处理厂的计划而赢得大选。然而，现在事实证明，污水厂完全能排出通过西点附近的水流并使其得到分流，因此在现在环保意识更加盛行的年代，智慧比起纯粹的权宜之计更加盛行。

从最后的分析中我们可以看出，在西点的风景园林项目中，对于空间塑造的设计是西海岸的一种成功，而哈普林对于类型学、等高线(地形)和视景的影响也在安吉拉·达娜婕娃解决西点多方面困境并想到极佳解决方案的过程中起到了一定作用。很明显，这个项目最大的成功在于安吉拉·达娜婕娃用模型选择方式，并在有限的预算内通过纯手工的方法决定大量植物的分布。然而，如果没有市民的远见、智慧的成本计算和极大的勇气，以及风景园林师关

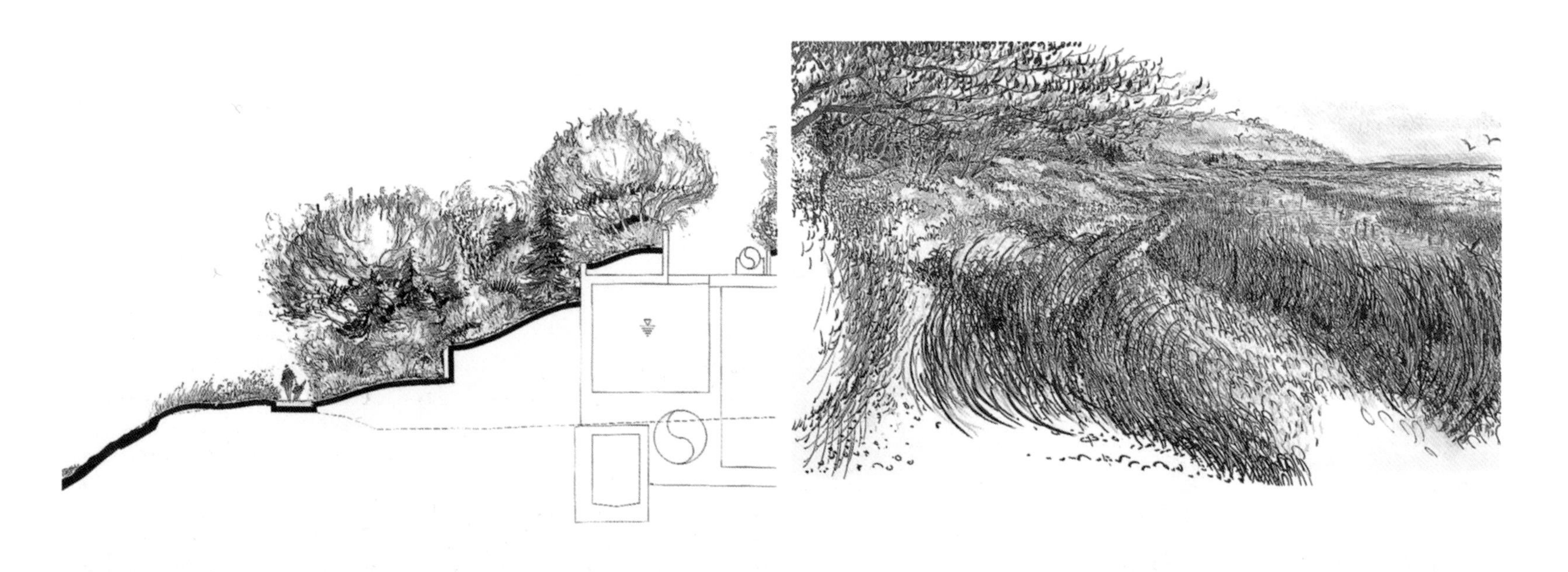

左图：建造挡土墙

右图：基于轮廓的墙壁构造，隐藏水处理单元

对页左上图和右上图：自然植被再次繁殖，并辅以精心挑选的物种

对页下图：道路使用者仍然无视隐藏在整个处理厂的信息

键性的调节作用，这个项目就不会如此成功。这个公园不管是对密西西比州的居民，还是对西雅图市的市民来说，都是一个巨大的环境恩赐，同时也是一个前所未有的高超方法，胜过所有其他现存的理论设计和规划选址方案，并让公众受益。换句话说，事务所已在提供完全便利的同时取得了巨大的视觉设计成功。

城市公园
Parkland

尤马东湿地公园
Yuma East Wetlands

美国科罗拉多河，2002 年
Colorado River，USA，2002

弗雷德·菲利普斯
Fred Phillips

弗雷德·菲利普斯作画

展示了亚利桑那州科罗拉多河流域的巨大规模，以及其可通航、移动缓慢的河段。它呼应了前一页的图片，展示了科罗拉多河的里斯渡口地区，弗雷德·菲利普斯也在那里努力恢复湿地

这个重要的景观项目认可了来自美国东部和西部的一个受人尊敬的实践先例。宾夕法尼亚大学的伊恩·麦克哈格支持最初关于资源规划景观设计的重新定义，其具有革命性的优先权再评价理论于1964年得以出版。[1]麦克哈格扩展了风景园林的基础，无论是在美国还是在欧洲，他都成为提升公众对于环境和生态基础意识的催化剂。后来，肯尼思·弗兰姆普敦坚持不懈地提出关于人居环境更加集中的生态格局，他把风景园林的干预看成综合性的运用，认为这是一种改善大量城市化区域恶劣环境条件的方法。[2]同时，他也提倡土地的无植被再种植以及新树种的引入，其中包括植入的草皮。尽管这个应用是出于某种生态的原因，但其也不失为一个协调性的公共项目。

当然，肯尼思·弗兰姆普敦的主要担忧是城市区域生态的策略，但风景园林作为一个补救策略，其思想有更广泛的含义。尽管无论是发达国家还是不发达国家，所有国家的风景园林都是弥足珍贵却日益减少的资源。

景观设计师约翰·赖勒（John Lyle）（1934 ~ 1998年）通过他的重要出版物《可持续发展的再生设计》[3]将基于资源的讨论推向了一个高度，督促国家作为一个整体关注因广泛且不受控制的工业过程所造成的自然资源和景观的枯竭。在整个职业生涯中，他观察到这些自然资源风景在不断恶化。后来，他曾与Andropogon事务所一起工作，建造了克洛斯比植物园，该园位于南海湾地区，占地688公顷（1700亩），跨越密西西比州南部的三个县，该植物园成为一个基因库，其中包括当地乡土植物栖息地。

景观设计师弗雷德·菲利普斯（Fred Phillips）对科罗拉多河下游地区的尤马东湿地公园进行了7年的研究和开发，所以他的风景园林项目自然继承了这一种类。大坝、新农业和外来物种的引进似乎从很大程度上改变了湿地的生态系统。它们代替了乡土树种，例如牧豆树、杨木和柳树林。打猎、娱乐、教育、周围的水体、草地和作为珍贵的打猎场地的森林都在消失和极度退化。

尽管菲利普斯最主要的交通工具是独木舟，他的计划却是在紧急情况下实施的。他通过自然渠道完成设计：在退化的湿地中恢复水流量，并实施了恢复水生栖息地与河岸植被的各种方案。这些数据听起来很有趣：445公顷（1100英亩）的河岸栖息地、60公顷（148英亩）的开敞水面、40公顷的（98英亩）湿地，最具有象征意义的是8公顷（20英亩）的农田，总之，这个区域为多种生物提供了处所：其中包括300多种鸟类、32种两栖动物、19种鱼类、20种爬行动物和9种两栖动物。这几乎不是一个沙漠，而且这些特征只表明，为了防止物种的进一步灭绝，栖息地设计、保护和适当增强具有紧迫性，因此鼓励候鸟在适当的时候重新移动。菲利普斯在再生植被计划中设想在100公顷（250英亩）的地带栽入大概30万株乡土树种。

露西·里帕德（Lucy Lippard）在《本土的诱惑》（The Lure of the Local）[4]一书中着力描写了土著科罗拉多河部落的现代化矛盾的内部悖论。那里的阿拉帕霍人努力驱逐广泛流传的习惯，抛弃所谓的谢罪礼，用阿拉帕霍一位长者的话来说则是："没有必要改变那些物质上的存在，因为力量依旧存在其中，场地也不需要装饰门面的提高。"这个场地实际上是在博尔德城范围内。这些哲学也在飞利浦的尤马中得以体现，因为他通过疏浚加强了河流流线，并且开凿了自然的水渠。再生植被项目本身会恢复本土具有代表性的树种，季节性洪水的重新引进将会最终毁掉大坝，终结对于河流的限制，土壤脱盐这一自然过程将会重新出现。菲利普斯得到了本土部落的支持。科罗拉多河印第安部落委员会的一个成员丹尼斯·帕奇（Dennis Patch）也支持他，帕奇本人在孩童时代就已经熟悉林地和湿地风景，在农场主和房主改变科罗拉多河的流向之前，一直都在寻找保护这些风景的方法。科罗拉多河历史上就高度沉淀。

在印第安纳州的普渡大学，风景园林项目负责人肯特·舒特（Kent Schuette）的助理教授是伯尼·达尔（Bernie Dahl）。在早期的职业生涯中，他解救了一个没有什么灵感的叫作菲利普斯的人，并将他引入了一条非传统的、基于环境风景手法的道路。菲利普斯按部就班地和丹尼斯·帕奇一起工作，说服印第安人事务局拿出1万美元补助金支援一个0.8公顷的糟糕区域的乔木种植。1995 ~ 1996年，他们阶段性地招募了9个普渡大学的学生。不久，整个地区的群众都表示支持，其中也包括土著印第安人，菲利普斯获得了超过500万美元，用以支持湿地和水生林地的恢复项目，同时，

对页左图：尤马东湿地的日落

对页右图以及本页图：科罗拉多河两岸，用本地植物和树木重新植被，以促进沼泽地鸟类和动物物种繁殖

他为部落和游客建立了一个乡土植物苗圃和一个自然公园，申请到一个环境教育项目，到 2000 年，超过 340 公顷（850 英亩）的植被得到恢复。

菲利普斯同项目负责人和部落的人一起工作，已经恢复了这个 108502 公顷（268000 英亩）的保护区，就如同部落长老和萨满约翰·斯科特（John Scott）谈到菲利普斯时所说："他所做的是一件美丽的事情。"对此，菲利普斯用这样的话回应道："一旦你接触到某种事物，你要照顾它。我们几乎已经接触到了整个地球，现在我们需要照顾它。"这种说法可以说是一个完全有效的真知灼见，因为它代表了一种积极的、田园生活的、充满关心的生活方式，而这些都是当代理论家为了创造一个更好的世界而同时考虑到风景园林设计师时才一直宣传的。[5] 将这个项目纳入一系列案例研究似乎更为合适，这些案例研究通常侧重于城市化人类更直接的关注点。

1. Lan McHarg，Design with Nature，New York/Chichester：John Wiley & Sons，Inc，1992. 初版为《花园城市》（Garden City），纽约：由自然历史出版社为美国自然历史博物馆出版，1964 年。
2. Kenneth Frampton，"Seven Points for the Millennium"，Architectural Review，London，Nov 1999，p.78. 这是弗兰姆普敦提交给 1999 年 8 月在北京举行的 UIA 会议论文的编辑版。
3. John Lyle，Regenerative Design for Sustainable Development，New York/Chicheseter：John Wiley & Sons，Inc，1993.
4. Lucy Lippard，The Lure of the Local：The Sense of Place in a Multicentred Society，The New Press，1997.
5. Tom Campbell，"Grad makes trees grow and waters flow：Arizona internship blossoms into 6-year project"，in Purdue Agriculture Connections，Purdue University，（AGAD,West Lafayette，Indiana，USA）vol 10，no 1，Winter 2001，p 3.

巴塞罗那植物园
Barcelona Botanic Gardens

西班牙巴塞罗那，2000 年
Barcelona，Spain，2000
贝特·费格拉斯
Bet Figueras

巴塞罗那植物园的选址独具匠心，它位于城市地平线之上，可以全览巴塞罗那河三角洲景色。由此看来，现代植物园非同寻常。巴塞罗那植物园坐落在芒特尤奇山的西南斜坡上，其基址为 15 公顷，这样的地点安置一个花园是极其完美的，因为它可以完全实现地中海对于自然风景的叙述。1997 年在一个国际竞赛中，贝特 · 费格拉斯（Bet Figueras）赢得了胜利。她先前的实践经历主要是一些相对较小的家庭花园的设计。她把自己的职业看作一种手工艺活动，最初通过满足植物的需求，选择那些适合基地和微气候的植物来实现方案的进展。后来更大尺度地运用相同的法则。在早期的一些花园设计中，她用抽象的几何元素延伸和协调周围建筑的内在结构。她总是尽可能多地运用水的运动和能量，这些特质在巴塞罗那的两个植物园中尤为明显。

在芒特尤奇的山上，她运用了一种关于地中海风景进化的简明叙述，因此风景园平面图形成了被选植物长期繁殖和繁育的基础。为了达到这一目标，像平面图所表示的那样，她从公园的树林高处延伸下来形成一种精致的园路系统，既与原来的等高线适应，又建立了一套自由的三角形网格体系。这样就让植物组织分类和不同季节生长模式得到体现，并且生成超越长期改变的循环。评论者所谈及的不规则的风景在完全建构的入口亭子和围墙处得到了呼应，在那些等高线需要折叠处，她使用了挖填方的手段压紧土方，并且用楔形钢板维持这些土墙的形状。

正如基址布局平面所显示的那样，植物园入口在山的西北面。通过一系列常规的接待程序之后，参观者可以顺着时间发展的顺序，从东南边界的林区和灌木丛渐渐来到北面。这在夏季炎热的时候尤为重要。大多数游客到来的时候，在基址上空靠近北部边缘的地方，以五条直线的形式更集中地种植植物。通过成排的植物布局，可以得到更有效的栽培和灌溉。她运用长条木板、三角形的硬质景观、水生植物等元素缓和成更自然的、更本土化的剖面，松散的、灵活的路网系统使得植被可以在更坚实的基础上生长，因为当不经意的种植或园艺已经预先占用了一块处女地时，没有人可以预见微气候的影响。换句话说，21 世纪的植物园风景本身已经具有一种实验的性质，这对于后达尔文时代是很适合的。

与蒂姆 · 斯密特（Tim Smit）和尼古拉斯 · 格里姆肖两人所提出的伊甸园项目不同，芒特尤奇山项目对于这些元素是完全开放的，这样各种各样的小气候影响就实现了。在许多方面，Figueras 的设计是一种具有 21 世纪视野的作品。Sir Geoffrey Jellicoe（1900 ~ 1996 年）在 1984 年展示了一种极为相似的视觉上的意识，他提出在得克萨斯州岛屿城市卡尔维斯顿（Galveston）北部边缘的 50 公顷（123 英亩）湿地中建造具有独特景观效果的植物园，这块地之前是墨西哥荒芜的峡谷。无独有偶，他于得克萨斯州加尔维斯顿岛上建造的 Moody 也布置为有条有理的种植区域网络。这些区域通过水道进行连接，参观者可以沿着水道乘平底货船到一个原野的湿地风景和精心设计的植物展示区域的结合体之中，植物园中记着植物进化历史，这里依旧是一种具有韵律的空间模式布局，具有音乐般的内聚力和潜在的和谐感。费格拉斯用科学叙事引导山坡游客通过路径连贯结构的方法同样具有挑战性。芒特尤奇山不足以包含 50 个空间那么多，在相当长的时间中，大多数空间都未被利用或者并不成熟。然而，这种影响却是相同的。在费格拉斯的植物园中，地中海植物物种可以以一种被精心安排的方式繁茂，一些精神层面的地中海风景的意向也因此而产生，她特别关注那些经过开发的台地风景，这些台地通过羊肠小路或者河道联系在一起。她说：“作为三维空间序列，植物生长的需要应被纳入考虑当中，花园的联系很大程度上取决于植物的分布，同时也包括一种基本的地理结。”[6] 植物同时提供给她一个调色板，组成 72 个植物群落，既包含了水生植物的生态（遍及各式各样的土地），又有当地的山林，在花园中，数不清的交叉繁殖自然发生于这种规则区域的灵活的几何之中。

费格拉斯所谓的不规则碎片风景代表着规则上的抽象，它是对于地中海传统模式的农业资源的巨大财富的抽象。在一个不规则的、以场地为特征的物种的基础上，这种道路之间混凝土表面宽松的结合细节磨去了各式各样的有设计意图的棱角。陡坡加强了土层，钢式被用来保护和固定土壤，这种钢墙似乎和后现代的交响乐自然地融合到了一起，伴随它

右图：观景台边缘由巨大的钢筋墙保留

的是土地本身和色彩。这是一种发现式的教育花园，参观者需忘记先前所有关于传统城市植物园的预设，他（她）可以在台地中漫步，从而受到这种布局的吸引，即使是一个孩子，在潜意识中也可能具有这种大师的思想。

6. Topos，29,1999.

上图和中图：一个巨大的圆形区域，维护仓库的协调中心

下图：为植物园整体景观规划及公众通道网络

对页所有图：费格拉斯仔细整合了“分形节奏空间、角度通道、座椅和水的特征”

建筑景观化

当前属于“景观中的建筑”范畴的建筑发展借鉴了一系列的先例，即一个长期存在的思想体系。然而，其与“景观建筑”概念上有一个重大差别。这种隐喻的称呼自19世纪以来就在隔离的建筑中很常用，从很大程度上来看，正是因为大众认识到新建筑所在的景观通常都比较脆弱，这样一种称呼也就合理了。这种认知因田园艺术家和插图艺术家的作品而产生，他们致力于地球表面的美学创造。该认知最早出现在美国，通过加利福尼亚州的艺术家迈克尔·黑泽尔（Michael Heizer）和沃尔特·德·玛利亚（Walter de Maria）的创造体现。这并不奇怪，因为美国大师级作品的悠久历史，以及它对于“山水画不能作出荒野景色”的认识，为回归真实提供了一个明确的先例，而这正是这些作品的缩影。在这个不断扩宽的领域中，正如豪·福斯特（Hal Foster）所阐释的，“极简主义作为一种艺术形式自治的实现和打破的历史症结而出现。”[1]罗伯特·史密森（Robert Smithson）曾最初研究过这一点，而这一认知为景观设计师开辟了道路。毫无疑问，彼得·沃克已将此命题解释得再清楚不过了。

后来，另一个艺术流派在欧洲出现。这些艺术家的作品映射出人类对于地球自然资源减少的日渐担忧。理查德·朗、汉密斯·伏尔顿、朱塞佩·贝诺内、克里斯·德鲁里等艺术家应用了对自然材料不同的感知模式、手机方式和操纵方法。事实上，正是这种对物质世界的担忧让他们从美国艺术家中脱颖而出，且与其他人的差距逐渐拉大。然而，可以毫无保留地说，他们对于建筑师和景观设计师有着深远的影响。正如彼得·沃克所述，正是通过这些作品表现出的极简主义哲学，设计师思想进行了碰撞。尼克劳斯·朗和英国艺术家大卫·布莱克本的作品没有那么为人熟知，其同样反映出对大自然的敬畏之心。反过来，尼克劳斯·朗的作品受到了其与澳大利亚沙漠地区土著居民交流的影响。

显然，美国作品和欧洲作品的参数有些许重合，尽管彼此之间从来都不是独立的。在这些作品的共同影响下，一种全新的、开放性的视角出现了，因此大量的“学派”和“先锋派”随之形成。

建筑形式应该归入其周围的场地中，人们从来不觉得这是建筑的基本原则。 无论是乡土建筑还是纪念性建筑，都与自然环境隔离开来，投身于本身的建筑形式与宿命安排。这些建筑物可能符合现有的轮廓和地形；事实上，结合居民对于停车场或下沉购物中心的需求，这些可以反过来形成新的地形。主要介绍中对这种方案的例子有详细的说明。建筑材料一直发

上图：理查德·朗，山湖；帕德·斯诺，拉普兰德(1985年)

下图：尼克劳斯·朗，Brainship（1987～1990年），棉纸浆、纱布、竹子、云杉棒（Feinders' Range，澳大利亚）

挥着关键作用，气候、地质和社会标准提供了在建筑方案中显而易见的局部或区域变化。

在其他地方，“拒绝建筑”慢慢开始发展。尼克劳斯·佩夫斯纳有一句话很著名，自行车棚是建筑，而林肯大教堂是一座早已遗弃的建筑。[2]像保罗·奥利弗的《世界乡土建筑百科全书》（Encyclopaedia of Vernacular Architecture of the World）这样的重大调查揭示了不同类型建筑的丰富性和复杂性，并改变了“建筑”这个词的含义。如今，自然材料设计大方，建造优雅，其以爱德华·卡里兰的网状博物馆研讨会为代表（威尔德与唐兰德博物馆，2002 年）。利用当地的橡木，在计算机辅助设计的帮助下，白话习语出现。计算机是全球白话的新手工具。当建造的外壳优雅地滑入树林的怀抱，此为对“景观建筑”的庆祝，而正如肯尼斯·弗兰姆普敦所说，这一切掌握在牧师和新定义下的建筑师的手中。

弗兰姆普敦通过他对建筑中构造原理的表述，一手领导了修正理论。[3] 19 世纪的建筑理论认为，一个原始的建筑应该分为四个基本要素：1）高台，2）火炉，3）框架 / 屋顶，4）墙体。这一观点促使德国理论家戈特弗里德·森佩尔进一步打破当时的建筑系统。[4]在他的分析中，人们注意到：a）框架的构造，b）高台的“切石术”。[5]到目前为止，人们一直认为后者总是依赖于承重砖而存在。如今，结构中的“轻”和“重”具有不同的含义，这些有助于将可以“轻轻地”立在景观上的建筑与公认能够嵌入土壤中或在土壤中扩散的建筑区分开。

然而，除了轻重这样的基本因素之外，还有更多需要考虑的地方：任何地方的定义本身都具有形成性作用。阿尔瓦·阿尔托是第一批提倡分析现有场地的拓扑结构的现代主义者之一，然后将这种搜索方式延伸到路径、路线和间隙空间当中，所有的一切都是为了观察建筑的主要功能空间这个最初的目的，无论是礼堂、图书馆、画廊，还是音乐会大厅，都是这样。在阿尔托的自由等级制度中，我们想起了森林中的路径、入口和空旷的格局。[6]

通过正面的对比，人们可以看一个对社会具有重要意义的特定景观项目：恩瑞克·米拉莱斯和班尼德菲·塔莉亚布的苏格兰议会大楼。建筑师的优质方案极大地扩展了与古代火山景观的正式统一，并且通过暗示和隐喻形成一种具有构造意义的局部装置，这让人联想到景观的显著特征。其参考作品包括米拉莱斯认为的具有苏格兰特点的浮动渔船。他尝试“不在爱丁堡但在苏格兰的土地上”建立议会，此举十分值得称赞。从本质上来说，

此为 Archaeolink 史前中心，位于阿伯丁郡（2001 年）。由建筑师爱德华·卡里南完成。该建筑为一现场访客中心，卡里南在高台上嵌入建筑，有效模拟了史前建造的形式

议会选址在城市，这个矛盾的解决应该用辩证的框架；但可以说独特的立体解决方案甚至主要的城市表现形式才是解决问题的先决条件。通过此定义来看，它绝不是景观建筑，归于其他任何种类都是有可能的。

相比之下，米莱尔和皮诺斯为加泰罗尼亚的伊瓜拉达公墓（1991 年）设计的建筑，通过天然地形凹陷深入地下。对于那些旨在增强景观效果而非支配景观的建筑来说，其参数是精细绘制的，并且仅在危险时被超越。每个计划都必须在其原有的基础上重新建立。

莱斯莉 · 马丁在葡萄牙创建了当代艺术画廊，由里斯本的古本根基金会（1979 ~ 1983 年）赞助，这在当时是一个先例。它不包含重要的典故，也不引用隐喻。马丁选择将公园和前方的湖泊并置。这种设计采用了后背式画廊，两个屋顶提供了大量种植空间。

莱斯莉 · 马丁（Leslie Martin），由古本根基金会（Gulbenkian Foundation）赞助，葡萄牙里斯本当代艺术画廊（1979 ~ 1983 年）

后来，在葡萄牙，爱德华多 – 索托 – 德 – 莫拉设计的莫雷多之家（1998 年）沿着场地轮廓设置了一系列乡村干砌的阶梯。它俯瞰整个大西洋，拥有一个古老但整齐的葡萄园，散发着立体主义的意蕴。虽然这些墙壁已有一个世纪的历史，但它们也具有原来所固有的极简主义品质。房子后面场地的地形再次让人肃然起敬。玻璃墙与陡峭的岩石相邻，彼此分离却又紧紧相连，这样神奇的构造让人想起一座建筑，它是格拉斯哥由巴里 · 加森、布里特 · 安德森和约翰 · 梅尼尔设计的布瑞尔博物馆（Burrel Museum）（1972 ~ 1983 年）的前身之一，位于画廊和林地之间的区域。

环抱地球的建筑常常需要具有明确的区域内涵，例如由汉斯 · 霍莱因设计的火山学博物馆，将暴露的火山遗址的干扰减少到绝对最小，同时仍然包含一个戏剧性的截锥。通常对于霍莱因来说，这个方案既可以是土著的（字面意思为，从地面升起），也同时具有本地特色。霍莱因早期的萨尔茨堡古根海姆艺术博物馆项目（Guggenheim Art Museum，1986 年）利用了城市对面的悬崖，他在岩石中挖掘了一个“下沉”结构，因此整个博物馆都在地下。它不是构造性结构，而只是非构造结构，带来了雕刻空间的机会，让这位建筑师非常喜欢。[7]

而另一个极端则是丹尼尔 · 里伯斯金的战争博物馆北楼，人们认为曼彻斯特建立了自己的建筑地形。它通过对地面运动的揭示上升到一个“空气碎片”，从中创建一个海角，俯瞰平坦的工业和商业景观，以及下面的大运河。建筑师创造了自己的景观，以至于达到这样的程度，由于预算削减，查尔斯 · 詹克斯所提出的景观不能建成时，能够有效地掩盖这种损失。

在本节的另外两个案例分析中，可以看出另一种和谐的景观合璧。第一个是欧洲电影学院，海基宁和科莫宁设计的埃伯尔托夫特体现了其与土地微妙但全面的联系。建筑的布置沿着表面轮廓，就像冰川中的冲积驱动的巨石一样。在澳大利亚，格伦·马库特建造的亚瑟和伊冯·博伊德教育中心沿着斜坡缓缓行进，落地进一步提供了住宿空间。

在一个风景环绕的有趣的小房子里，科林·圣约翰·威尔逊和M·J·隆于剑桥市的春之路建造了康福德之屋（1967年），向外扩张了“立体定向”的体积，以包围周围的树木，在对角轴上，木柱、横梁、支柱和系杆完全露出的铰接突出了这种运动。露台即为2层阳台，提供了明确的内部或外部空间：它体现了过渡，并同时增强了内部、外部两个空间。[8]

正如我们所看到的那样，只要有可能，建筑和景观就联合起来，当前的这种倾向已经出现，其反对两种艺术分别创作，即自然中的土地艺术和艺术的强大演化。正如极简主义艺术一样，最精细的线条将完美分开，仅仅凭借模仿和平庸在秩序和混乱之间保持平衡。因此，景观设计师和建筑师将他们的技能融合在一起，也许这是最困难的任务，并且需要最大限度地牺牲以前所形成的惯例。

注释

1. Hal Foster，The Return of the Real，Cambridge，MA：MIT Press，1996，ch2，“The Crax of Minimalism”，P36.
2. Niklaus Pevsner，An Outline of European Architecture，Jubilee Edition，London：Allen Lane，1973.P7.
3. 关于立体定向和构造的最佳定义，参见斯坦福·安德森，“现代建筑与工业：彼得·贝伦斯，AEG与工业设计”，反对派，21，剑桥，MA：麻省理工学院出版社，1980年夏季。“构造”（Tectonic）（在Karl Bottischer的《Die Tektonik der Hellenen》一书中）不仅指物质上必需的建筑活动……更强调的是将这种结构提升为艺术形式的活动……必须适应适当的功能形式，以表达其功能。
4. 参见戈特弗里德·森佩尔，《建筑四要素》（Die vier Elemente der Baukunst）（1851年），翻译本。作为F.Mallgrave和W.Herman的建筑和其他著作的四要素，剑桥：剑桥大学出版社，1989年。来自《构造文化研究》中肯尼恩·弗兰姆普敦的评论（J.Cava编辑），剑桥，MA：麻省理工学院出版社，1995年，第5页。
5. 建筑物中的立体构造是相同的压缩质量，而不是建筑物框架本身的“构造”。
6. 有关阿尔托拓扑方法的这一方面的完整论述，请参阅迈克尔·斯彭斯的“纽约前后建筑设计”，第68卷112号，1998年11月/12月，第6～10页。同时在斯德哥尔摩瑞典工艺中心阿尔托的讲座中被引用（瑞典工业设计学会，1935年5月9日）。
7. “Atectonic”实际上是一种没有构造特征的建筑形式。汉斯·霍莱因的萨尔茨堡古根海姆艺术博物馆（1986年）证明了这种情况，其沉入遗址，因此避免了对历史性城市中央景观的破坏。参见迈克尔·斯彭斯，“沉没在伯格：博物馆项目，汉斯·霍莱因著”，《建筑评论》，1992年1月。
8. 这座房子代表了房屋的立体结构与开放式屋顶结构之间明显的构造差异，包含了花园环绕，体现了中央空间的内在诗意，同时以双层阳台的形式清晰展示了柱子和压拉杆模式。见迈克尔·斯彭斯，“缺席的存在：克里斯托弗·康福德的剑桥之家，科林·圣约翰·威尔逊著”，《建筑研究季刊》，1996年10月。

建筑景观化
Architecture as Landscape

帝国战争博物馆
Imperial War Museum

英国曼彻斯特萨尔福德，2002 年
North Salford，Manchester，UK，2002
里伯斯金工作室
Studio Libeskind

将重要的慈善或宗教建筑建于水边的显著位置，这一惯例由来已久。通常在这样一种风景园林中，景观元素与建筑类型同时产生，并引起一种戏剧化的转变过程。我们没有必要去回忆帕拉第奥创作的位于威尼斯潟湖边的教堂，或者是 San Giorgio Maggiore 本身，尽管他们都是这种先例。由弗兰克·盖里设计的位于毕尔巴鄂的古根海姆博物馆运用垂直、水平与滨水的元素证明了，即使在一张不足为奇的平面上，也会有这样一种独特的轻重缓急序列。丹尼尔·里伯斯金设计的北帝国战争博物馆靠近曼彻斯特市的运河，在这里，我们不可能忽视其显著特征，博物馆以一种最具有纪念意义的方式伸展向空中，对面的 Lowry 建筑以一种亲切的方式提供陪衬，这是一种世俗沉重的对比，与从威尼斯高耸的 San Giorgio Maggiore 教堂看大运河对岸的军火库的感觉十分相似。同样，在曼彻斯特，光和空间的结合也非常恰当。

博物馆由奥雅纳设计，它恰当地把这座博物馆比喻成一个按比例缩小的地球；一个微型比例也许会存在许多混乱，但是在地球的微型比例模型中存在着许多完美的系统，它们彼此运作良好。建筑的结构系统是极其精确地相似。为了避免和分离受污染的场地资料，里勃斯金甚至为博物馆创造出来一个新的、略微弯曲的第一层表面。

博物馆是一个记忆的容器、一个头部节点，其中战争的记忆本质是戏剧性的，而不是像宗教圣地中的礼拜仪式那样。现在当代地标的两个小时里程范围内，住着大约 1550 万居民。一个合理的比例还是会使人们想起萨尔福德市 Old Trafford 地区战争期间所受到的闪电般的攻击。这也是博物馆现在的基址。里伯斯金在这里开创了一种内 - 间的风景园林，而这介于死板的整体和战争混沌的历史之间。

这座建筑的建造手法与汉斯·霍因的火山博物馆的海绵式内部设计极其相似，而且后者也是在同一年对外开放。这完全是一种奇妙的巧合。从本质而言，尽管建筑内部构造为洞穴式，但从它的场地和周边环境来看，建筑类型绝对属于外部形态学的范畴。里伯斯金意识到在风景园林中，方位感的缺失与路线的形成是相互作用的，对于航海而言的那些有预计的标识在建筑设计中是不被允许的，正如在毕尔巴鄂的古根海姆博物馆。相反，在博物馆中走走，无论是室内还是室外，从本质上而言都变成了一种景观体验，伴随着自然结构的是不确定性和奖赏。

周围的建筑区域有某种战后的痕迹，而这同样也存在于里伯斯金的柏林新犹太人博物馆中，但是，在曼彻斯特，正是这种大运河的银色细丝提供了地貌焦点。凭借自身的足智多谋，里伯斯金在 2850 万英镑的预算中创造了一个经济和建筑生涯的奇迹。他彻底修改了材料方案，通过延期听众席的建造（还在规划中），改变了建筑结构以使钢和铝覆盖其上，并最终维持这种未改变的戏剧形式规则组成，而正是依靠这一概念，他赢得了比赛，尽管放弃使用混凝土，但是，讽刺且荒唐的是，这种做法损失了外部的景观和绿化种植。里伯斯金的景观设计和柏林犹太人博物馆建筑周围景观设计的多样性和丰富性的熟悉感强调了这种损失。从更远的经济角度来看，其暴露出来的是一种现实：这种增加没有为里伯斯金的建筑创造出自己独特的动人景观，成为闪光点。建筑的周围与硬质的、朴素的小火山轮廓一样。由铝覆盖的碎片状的覆盖物在频繁的彩虹或阳光中闪闪发光，一些单调的种植园围绕着更近的社区或商业区公园，它们看起来是人工的，几乎是非自然的，所以与自然是完全有区别的。

帝国战争博物馆的基本概念源于支离破碎的地球碎片的姿态。里伯斯金任凭三个主要碎片闲置，意识到这些碎片包含着诗意与战争的哀婉，他选择将它们戏剧化地互锁在一起，如果这是一种巧合的话。他将个体形式赋予了海边战争的意义（水碎片）、空中的战争（空气碎片）、陆地的战争（陆地碎片），这三种碎片提供了战争产物的一把钥匙，揭示了文化转化中一个必然发生的过程。曼彻斯特的天际线在第二次世界大战中曾受到过严重的攻击，现在空中碎片高 55 米的垂直教堂塔尖将其打破。建筑的基部是入口，游客从那里可以升高到 29 米，调查曼彻斯特周围陆地和水文的特性，其在铝结构中反复敲打，好像在一个主要的双翼的飞机之中。

设计师将博物馆的主要公共展廊布置在地上碎片的底层，轻微弯曲的曲线表面的博物馆是为那些短期的、特殊展览而举办的，其他房间则用于一些固定的展示。那些低处悬挂的水的碎片包含着一个餐馆和办公室，站在主位可以俯瞰运河和其他与众不同的建筑。里伯斯金称自己在一个有序与无序的世界中建造，他考虑到民主开放性、多元性和可能性的精神，寻求探索一种不断联系的、介于两者之间的城市风

上图：遗址上博物馆的印迹，南边是运河

下图：博物馆内部规划

CANAL ACCESS ROAD (PUBLIC RIGHT OF WAY)
EMERGENCY ACCESS DELIVERY ENTRANCE
LARGE OBJECTS DELIVERY
PEDESTRIAN ENTRANCE
TRAFFORD WHARF ROAD
VEHICLE ENTRANCE FUTURE SHOAH CENTER
VISITOR VEHICLE ENTRANCE
IMPERIAL WAR MUSEUM-NORTH
CANAL ACCESS ROAD (PUBLIC RIGHT OF WAY)
PEDESTRIAN ENTRANCE
PROMENADE
H.M.S. BRONINGTON
WATER FLOW
MANCHESTER SHIP CANAL

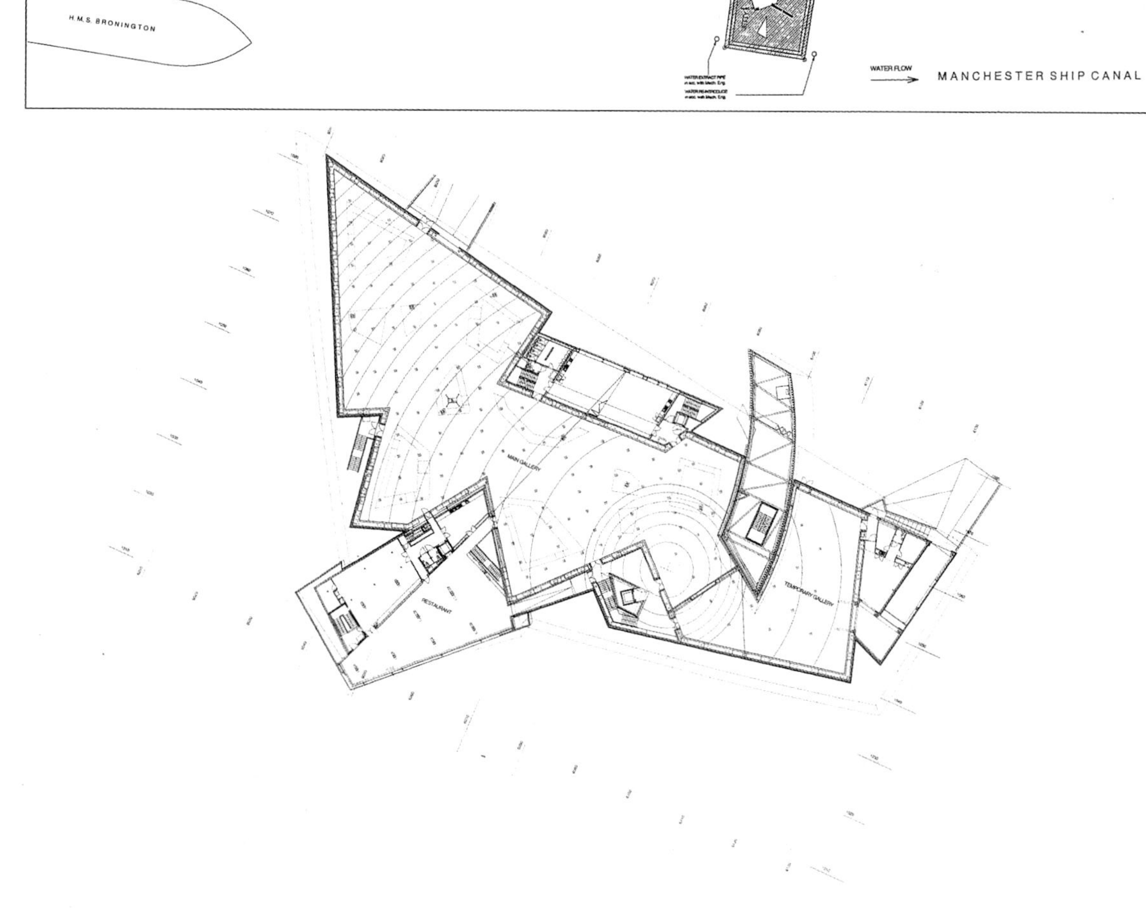

左图：建筑物的北檐，面向船渠

右图：南侧的正门。铺路的目的是明确建筑物的入口

对页上图：附近的建筑商业公园

对页下图：眺望着运河的对岸

景园林。在成为建筑师之前，他是一个有天赋的艺术家。他在 20 世纪肖恩伯格（Schoenberg）和约翰·凯奇（John Cage）的作品中寻找可以引用的资料，这些作曲家通过自身创造价值。博物馆的碎片在北方的光中闪闪发亮，壮丽的铝片材料也在闪闪发亮，建筑在雨中歌唱，正如水沿表面一样流淌，即使在晦暗的天空下也依旧闪烁，这似乎是一种以最佳的方式触及码头的入口处，尤其是当参观者从中心的新桥穿越的时候。博物馆附近巧妙地安置着一艘小的灰色海军船舰。博物馆本身像一艘远航的轮船，通过弯曲的底层下的管道疏导运河水系。可持续性被应用于冷却系统，里伯斯金的一个典型的碰触将原始的技术变成了诗歌。

博物馆位于 19 世纪古老的曼彻斯特的风景记忆中，因此描绘了冲突中文明的苦难；然而这是通过开采出的真实的文物完成的。这些历史文物是战争的考古学，在个人和社会方面都很显著。建筑师和管理者的团队合作，将中心的内部空间变成了一个媒体剧场，通过最大限度地利用墙壁和区域的可达性，硬件的纪念物将辅助空间精细装饰，它们被实验性地布置在一个时间胶囊中，记忆通过时间堆叠的按钮而埋藏得更深。这里托盘是被选择的物体，其垂直旋转且以一种传统的方式布置在玻璃后面。这种材料是依照主题来布置的。

对于以常规方式参观博物馆的参观者而言，这里展现了清晰的年表。博物馆以一种叫作“时间轴”的壁画方式创造了一种脊柱式路径，通过各式各样的固定展示来对应过去一个世纪的不同阶段。筒仓装饰着高耸的展示空间，对于前者是一种互补。博物馆以一种策展的传统很好地展示了这种“战争经历”、“科学”、“技术与战争”、“战争的遗产”的主题，展现出来的物体似乎很考古，使人联想到战争的巨大潮汐，好像它已经扫过了无数的风景，快速贯穿不同民族的历史。从本质而言，这是一种构造的建筑，但其视觉语言似乎隶属于地质学，同时具有当代和永久的风景园林价值。

伊瓜拉达墓地
Igualada Cemetery

西班牙加泰罗尼亚，1991 年
Catalonia，Spain，1991

恩瑞克·米拉尔斯与卡尔姆·皮诺斯
Enric Miralles & Carme Piños

对于恩瑞克·米拉尔斯（Enric Miralles）而言，风景园林和建筑是相互从属的，与真实场地的产品相关。据说在伊瓜拉达，米拉尔斯成功地创造了一种完全的园林，它恰巧包含了某些建筑元素。其他各种各样的项目已经预示了关于建筑师处理现存风景的趋向，并且同环境相融合。一个例子便是米拉尔斯在苏格兰爱丁堡赢得的议会竞赛方案。目前，该方案在实施中，尽管在2000年建筑师就已经去世。这个设计的核心是火山景观的观念，火山景观从很早以前就存在于古老的城市社区中，尽管完成这一切具有一定的困难。米拉尔斯的天才概念草图更好地深化了这个概念，苏格兰议会建筑竞赛是他辉煌建筑生涯顶峰的一个庆祝仪式，可是这一切却在他的全盛时期戛然而止。

地处巴塞罗那的边缘地区，伊瓜拉达墓地反映了米拉尔斯的习惯。此项目的大部分工作已经于1990年完成，其从类型上来讲是多种原创思想的融合，但在历史上一直被宗教惯例所诟病，甚至受到猜疑的困扰。这是一个在阿斯普伦德（Asplund）和里沃伦茨（Lewerentz）林地墓地项目中引人注目的现代设计先例[1]，美丽的教堂和墓地位于一个精心布置的北欧风景园林之中。

入口是米拉尔斯在伊瓜拉达重点处理的建筑元素，小教堂和太平间伴随着长的矮墙，骨灰壁龛逐渐下降，蜿蜒盘旋。在入口处，其简陋的设置能让参观者想起葬礼的本质。不管一个人是否身处建筑或园林的领域，在这样一种集中的概括性的氛围中，都能有这样的感受。路的顶点是稳固伫立的陵墓，它被直接融合到矮石挡土墙中。

米拉尔斯的设计灵感源于一个偶然的机会。之后，好奇心驱使他考虑参考当代大师的作品。他不能问建筑师本人，因此只能由评论者探索其是否与勒·柯布西耶、赖特、路易斯·康、阿尔瓦·阿尔托等作品相关，尽管前辈卡尔姆·皮诺斯（Carme Piňos）还在从事这项职业。米拉尔斯与柯布西耶都喜欢混凝土的物质性。这种热情从某部分而言归功于米拉尔斯早期从莫尼奥（Moneo）教授处接受的教育。柯布西耶的威尼斯医院外观美丽，水在外围层层拍打着太平间，但那也是不同的。1952年阿尔托与简·巴鲁尔（Jean Barouel）设计了丹麦的墓地，在某些方面它可以和伊瓜拉达墓地相提并论，但这些方面有限。阿尔托为死者创造的封闭的山谷园林没有否认心灵复活这种想法（阿尔托曾在之前提到），这种想法从传统上通过耀眼的白色复合建筑围合所有内在化的住所，所以坟墓适当安置在此，并使人自由地拥抱生命。在温带气候的丹麦，阿尔托在两个相等的、现存的深而窄的山谷中设计了合适的主路和小路，平面布置方式设计合理，尽管田间遍布植被，但管理便利。同时，像他评论的那样："这种涓涓的、闪光的充满生命的水表现出极乐世界的图画"。[2]水沿着运河和水渠流入，补充现有的小溪和自然降水，并且在坟墓中渐渐变暖。阿尔托通过生命的循环代替死亡，在墓地的词典中它便代替了生命的轮回。

同样，米拉尔斯在伊瓜拉达中检验了时间的轮回。从本质上而言，他的墓地拒绝生命轮回的关闭和生命的终端，并且他将这一点在墓地中强烈地表达出来，像阿尔托一样放弃了大墓地的想法。很长一段时间，死亡之城象征了文雅，这是在缓解过去几个世纪那些失去亲人的人的忧伤，让他们恢复对生活的信心。相反，比阿尔托更进一步，米拉尔斯追求回到史前时期人类的时间轮回，那个时代只有原始的山林和洞穴风景可以提供永久的圣所，米拉尔斯让那个时代的共有的人类存在意识暂停。

在伊瓜拉达，圣所的想法似乎是最有力量的。这并不意味着米拉尔斯通过挖掘场地来否定人类对于场地特性的需要，从传统意义上说，正如阿尔托知道的那样，围绕场地的漂白墙达到了这一目的，其与轮廓锐利的紫杉或者是柏树表达了相同的信息，不管是日光还是月光都是比较暗的。米拉尔斯通过在同一个结尾处的或成线状排列的长势昂然的树种来标识入口，以及作为发现方位的方法。他让这些树渐渐布满多岩的壁龛，并在硬质的园林中培育出软质的、遍布的生态。总之，场地永远不会结束，正如墓地本身必须继续在结构的框架内提供新的墓穴一样。这种自然的地被完全没有水景的运用，这一点与阿尔托不同，是一个很大的成就。

在建立有人工小路构成的类型中，米拉尔斯更进一步采取了类型学的方法，这与阿尔托发明的想法是不同的。他以十字路口、林中空地和连接的路线为主题，设计了一种人类运动的建筑，这一想法十分卓越。这是一种自然的、天生的和非惯例的连续。它在墓地中建立了一种运动的、自由的语汇，这种自由存在于想象之外。他在伊瓜拉达引导吊唁者的

上图：伊瓜拉达墓地景观规划

下图：俯瞰墓地的内凹

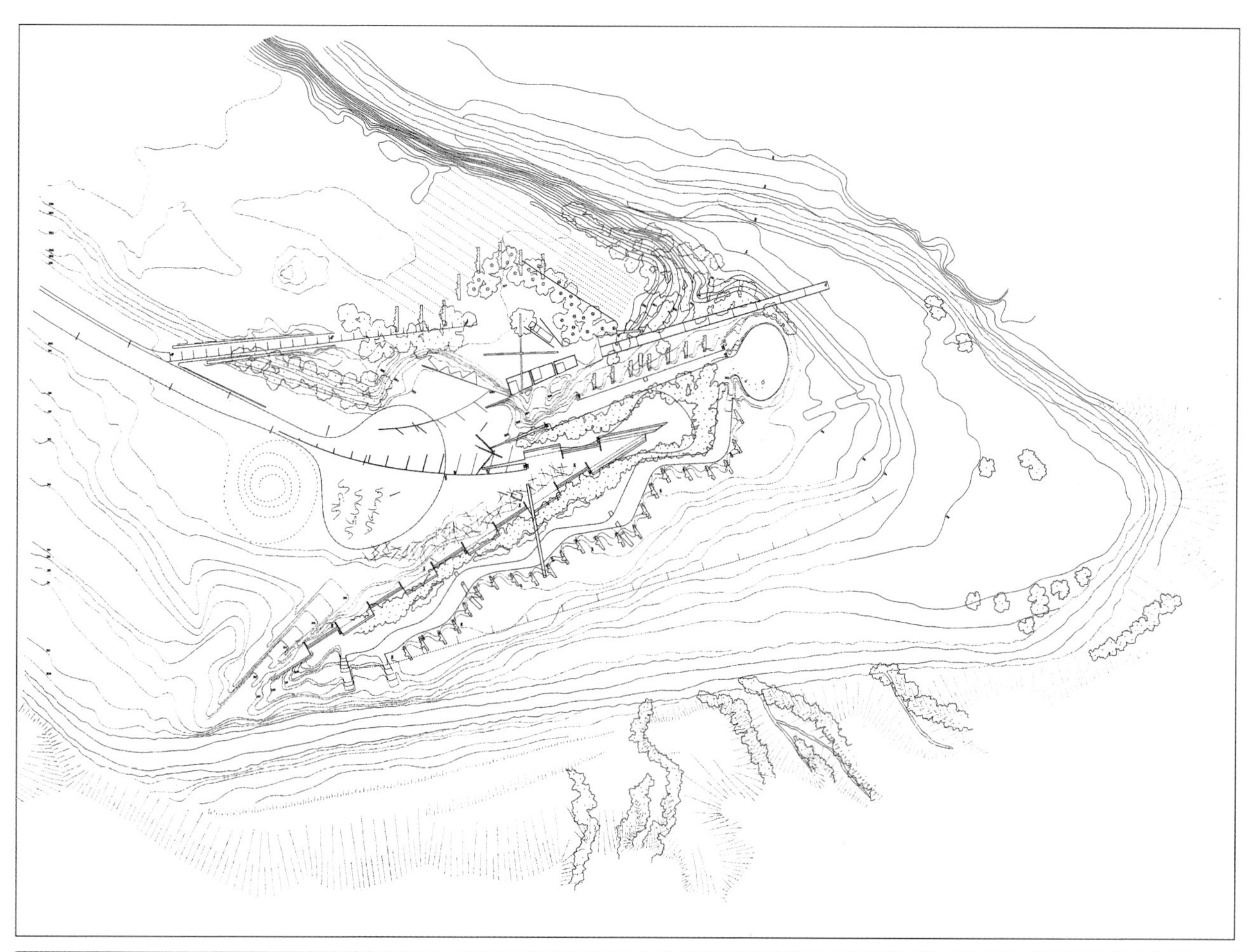

上图：有坟墓空间的内部庭院。注意有图案的地面结构

下图：陵墓与墙壁的交汇处

对页图：俯瞰墓穴“庭院”

群体或是刚刚丧失亲人的个体漫步进入生命的框架，通过那些垂直倾斜的十字交叉来创造生命框架的简单端口。混凝土的弯曲屋顶掩护住太阳的直射，树木会保护哀悼者。墓地可用几个世纪，伊瓜拉达同样如此，但这是关于生命的诗篇。

在任何关于建筑和园林结合的讨论中，伊瓜拉达墓地都可作为一种理论的建设而被看作典型。米拉尔斯已经对形式、类型、功能和隐喻有了基本的考虑，并以原创的方式将其展示出来。例如，太平间屋顶代表了树干圆柱体的结合体，就好比森林本身提供了建筑屋顶。元素将继续以一种未完成的方式出现，但由于这里没有时间的整体动态，所以建筑形式和地形融为一体预测未来的形式。建筑师已经逝去，伊瓜拉达将作为一个永久的墓志铭而矗立。

1. 反过来，阿尔托受到了瑞典建筑师古纳·阿斯普伦德（约 1885 年）和他的同事兼合作者西古尔德·里沃伦茨（约 1885 年）的影响，这在斯德哥尔摩郊外的森林公墓竞赛获奖项目中得到了体现。正如科林·圣约翰·威尔逊所描述的里沃伦茨在那里的贡献一样，“里沃伦茨将这种与死亡对抗的经历延伸到更大的画布上，超越了孤立的小教堂建筑，并进入了最崇高的景观境界。” Colin St John Wilson, *Architectural Reflections*, Oxford: Butterwofth Heinemann, 1992, p114.
2. Göran Schildt, *Alvar Aalto——The Complete Catalogue of Architecture Design and Art*, London: Academy Editions, 1994, p62.

火山学博物馆
Vulcanology Museum

法国克莱蒙－费朗，2002 年
Clermont-Ferrand，France，2002

汉斯·霍莱因
Hans Hollein

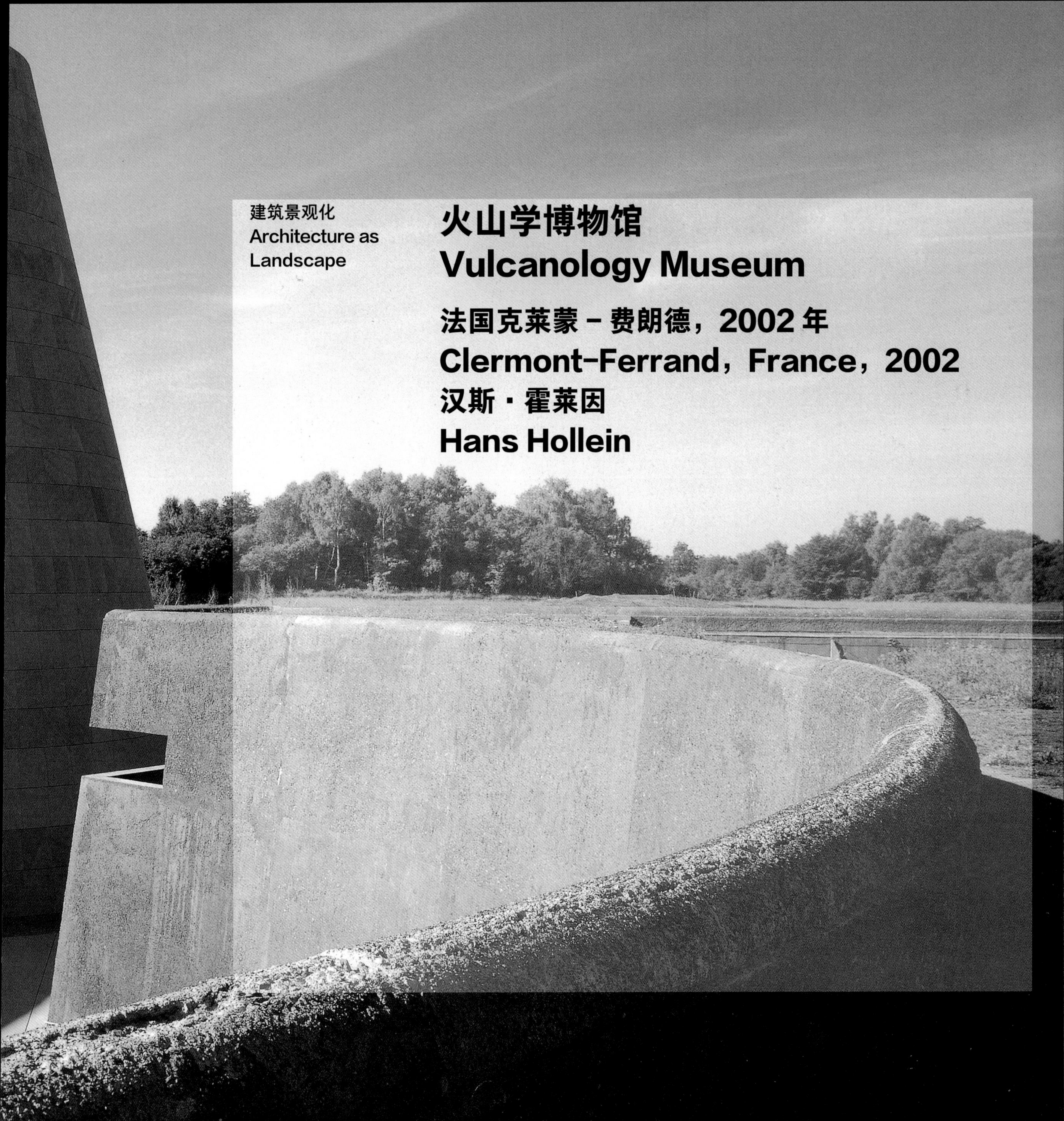

右图：St Ours les Roches 地区的地图，显示了左上方对面的火山丘的圆锥形遗迹

对页左上图：汉斯·霍莱因描绘的物化地点形式

对页右上图：中央庭院顶部的走道

对页下图：在下降点处的入口锥体上方的分裂锥体

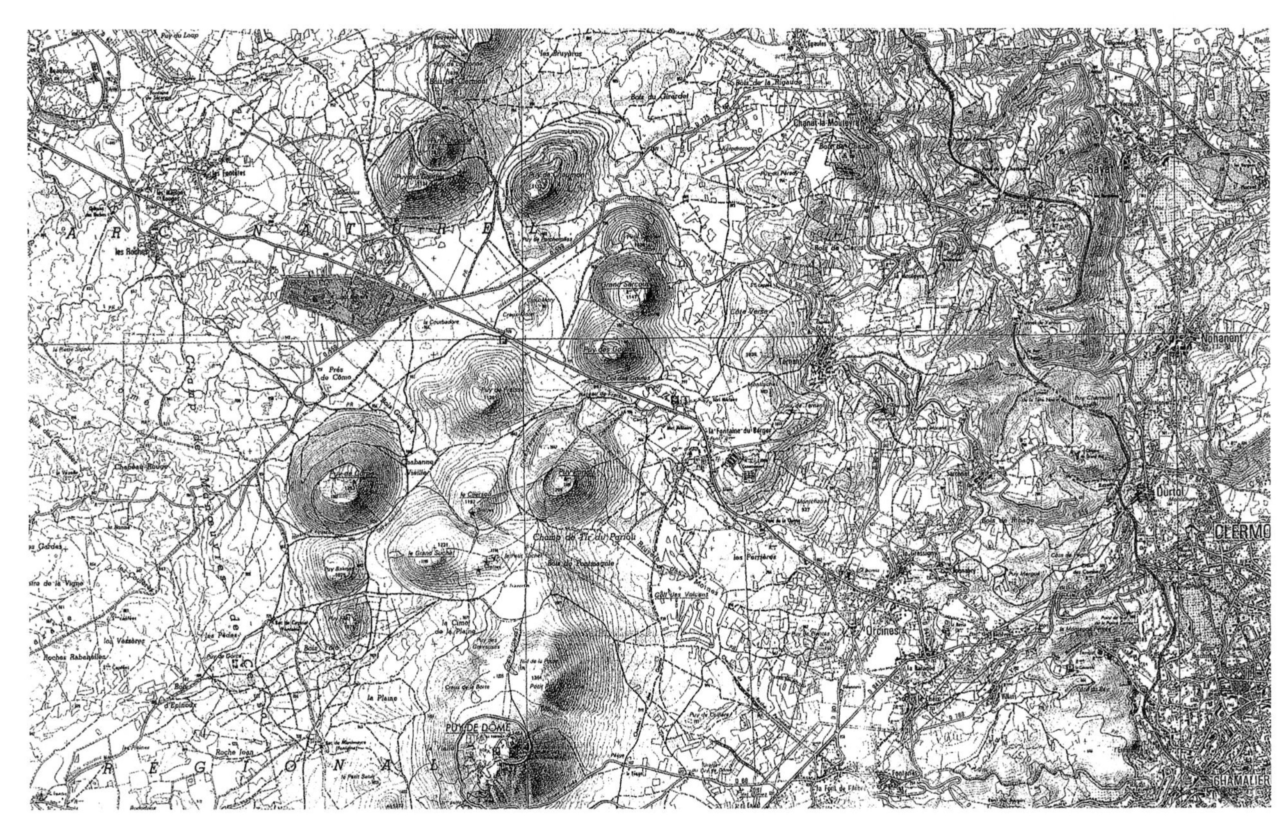

在火山学博物馆中，汉斯·霍莱因于地下世界和陆地之间建立了戏剧性的话语。该遗址是法国 Laschamps 平原上著名的火山景观。博物馆这个原始概念来自法国前总统的灵感。吉斯卡尔·德斯坦当时是奥弗涅地区委员会的总裁。他的想法是在法国建立一个新的焦点，使得死火山数量激增。其为游客中心和翻译设施的结合，是当地和全球背景下火山信息的来源，这一现象自史前时代以来既令人着迷又令人敬畏。

早在 1994 年 5 月，霍莱因就知道他赢得了奥弗涅地区委员会主办的建筑竞赛。在德斯坦的领导下，这场竞赛寻求“火山的自然景观的设计”——其字面上是火山的存在及其研究的自然空间。大约有 86 名建筑师参加了竞赛，包括诺曼·福斯特、马西米利亚诺·福克萨斯、矶崎新、理查德·罗杰斯、伊恩·里奇和里卡多·波菲。最终霍莱因获胜。

汉斯·霍莱因多年来所完成建筑项目属于不同的类别。他的另一个著名设计也赢得了一场赛事，即在萨尔茨堡（1986 年）提出的古根海姆艺术博物馆。他欲从坚固的岩石中挖掘建筑空间，尽管这从未被实现过。这个计划是火山学博物馆项目的前身，显示了霍莱因对非构造空间探索的进程。因急于保留萨尔茨堡历史天际线的特征，他打算在地下建造博物馆。在 St Ours les Roches，人们可以看到这种确定的调查结果的真实体现。与萨尔茨堡一样，根本问题在于是否将整个计划纳入其中，将其沉入景观中，或者是否认识到需要突出地上的景观。

火山学博物馆项目从一开始就颇受争议。该中心位于一个未受破坏的原始景观中。在环保组织的支持下，“拯救火山”运动在当地进行。据称该项目将成为“一场生态灾难，其将吸引快餐店和廉价连锁酒店到现存的火山脚下”。新博物馆位于最著名的火山峰 Puy-de-Dome 的下方。一个高耸的人造锥形对面即为阴间社会的入口。通过这个入口，即一条具有 3000 年历史的、带有火山熔岩墙的火山口，一条螺旋形的通道通向“地球的大肠”。空间通向地下，展示各种互动展览区。Rumbling 画廊提供了火山爆发的仿真模拟现场，汽车和建筑物显然被岩浆流吞没。相比之下，一个潮湿的火山花园出现了，包括外来植物，如来自新西兰的巨型蕨类植物。这个花园形成了一种支点。从它出发有很多视频摊位。宇宙剧院展现了火山是如何产生的。

设计简报要求明确“建筑与景观之间的分离，而不是地下与地表之间的分离，因此也不应在容器与内容之间进行分离”。这样的视觉效果让游客想起儒勒·凡尔纳、但丁的炼狱以及柏拉图的保护洞穴。火将出现，气氛“既险恶又威胁，但也充满活力”。

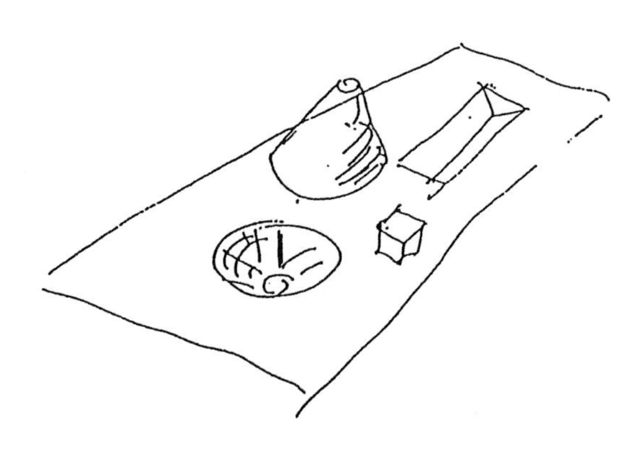

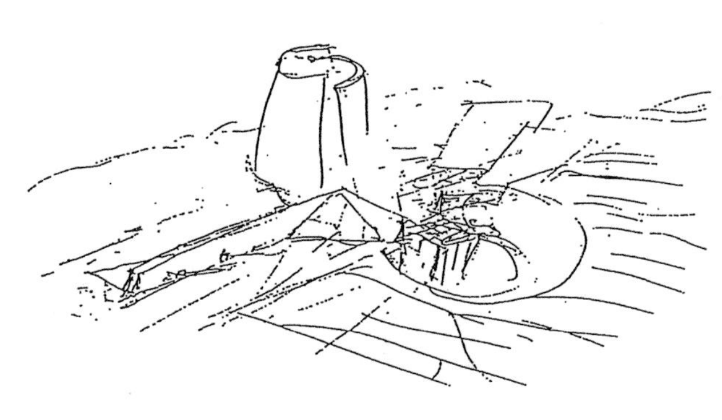

上图：标志着博物馆的圆锥体，以及仪式下降到地球的点

对页左上图：博物馆主要核心凹陷体积的示意图

对页右上图：博物馆主要核心的空间平面对面

对页左中图：潮湿的“火山”花园

对页右中图：当地的石头线条接近方式

对页左下图：锥形入口的详细信息对面

对页右下图：中央庭院的侧视图

从方方面面来看，霍莱因的博物馆都符合埃德蒙·伯克对崇高的定义原则。伯克引用了米尔顿的描述，“这样的地方都是黑暗的，不确定的，混乱的，可怕的，并且是极度崇高的。”对于建筑师来说，这在建筑形式中几乎无法实现。

值得注意的是，这个博物馆本质上是一种下降到景观中的机制，因此其地面上的部分是熟悉和可测量的，而地面下方是无法想象的。霍莱因设计的中心具有最小的应用视觉破坏（即使在火山分裂、火山喷发和流动的实际环境中）。他的锥形钻孔是一个入口标记，直到火圈底部。它还标志着博物馆的位置，可以看到数英里左右。奇怪的是，在 18 世纪或 19 世纪，从视觉形式来说，锥体象征着工业塔。没有它，在古老的山脉全景中，通过车辆几乎看不到中心。进一步增强中心与景观的统一感和兼容性。霍莱因已经部署了各种类型的当地石材，结合草和水元素。玄武岩广泛用于当地乡村建筑中，使用形式有多种，内部外部均有。它既可以作为雕刻的表面，也可以作为某些立面的覆层。草也用作屋顶覆盖物。大观景厅的表面由氧化铜组成，餐厅的表面是预先抛光的铅，强调该方案的重点是材料。

汉斯·霍莱因只承认真实的经验领域，他不允许使用合成材料。他强调，地下和表面纹理之间有巨大差异，对于在明亮阳光下的游客来说，有一个看似奇迹般的山脉全景。霍莱因利用所有可用的信息技术，为人类的自然栖息地提供了更深的意义，即这个博物馆建筑如此精心和智能地沉没的“野性”。

3. Edmund Barke, *Inquiry into the Origin of our Ideas of the Sublime and Beautiful*, 1756, ed. John Boulton, London: Routledge Kegan Paul, 1958, p.136.

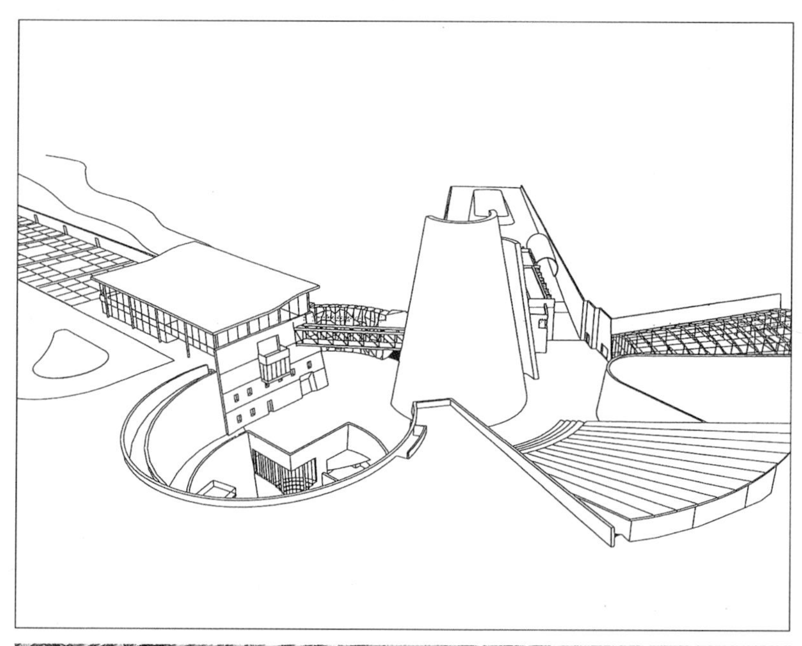

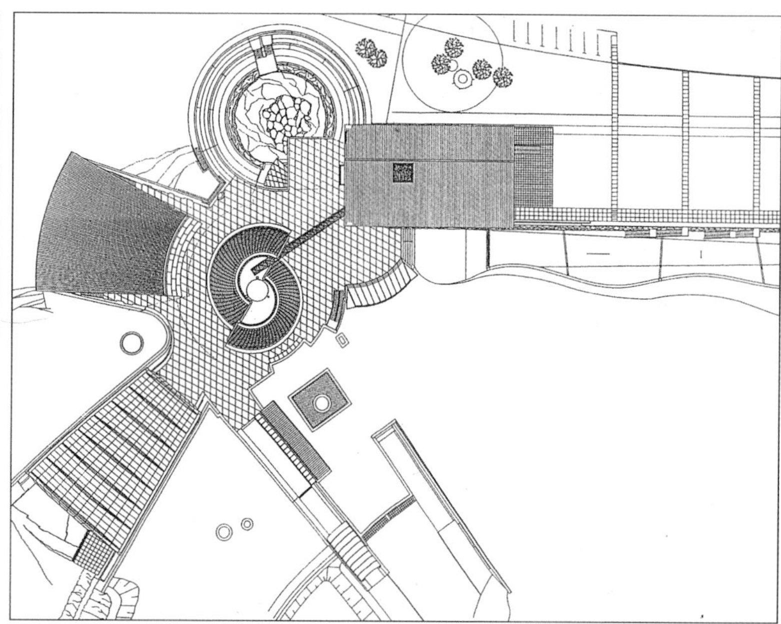

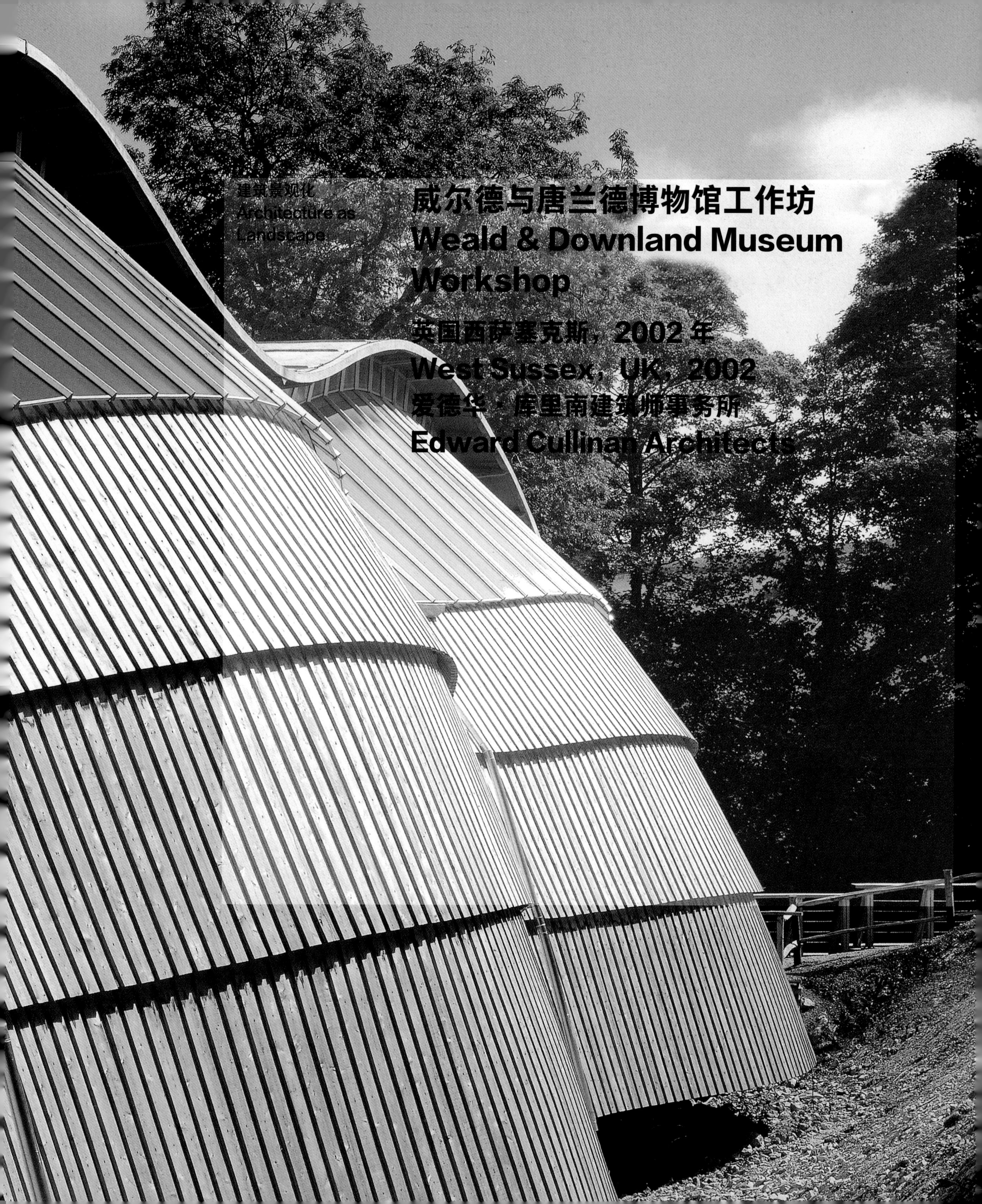

威尔德与唐兰德博物馆工作坊
Weald & Downland Museum Workshop

英国西萨塞克斯，2002 年
West Sussex，UK，2002
爱德华·库里南建筑师事务所
Edward Cullinan Architects

车间格栅的凹凸不平的体积很容易与景观的位置形式相吻合

威尔德与唐兰德博物馆工作坊坐落于一个敏感的乡村景观中，这在很大程度上为一个建筑问题提供了特殊的解决方案。此方案运用了一种新奇的结构模式，因而实现了想要的结果。它只运用当地的材料和劳动力，而且是世界上第一个永久性网格状的壳体结构。一个以场所为特征的形体出现了，博物馆因此能够用一种新的、戏剧般的特性来表达。

这个高 10 米、面积为 50 米 ×32 米的工作间立于一个 500 平方米由砖石围起的档案室上方，库里南和工程师布罗·哈波尔德（Buro Happold）一起工作，试图开发出一种网格，以满足所有在设计概念中提出的文脉和功能的要求。他们自己在乡村景观方面有所建树，最著名的作品是位于约克郡的喷泉修道院游客中心。

这个项目是要建一座新建筑，以全方位保证研究、保护和修复的进行。绿材结构的网壳结构提供了一种完全开放的入口，场地形式与当前为后代保存的博物馆建筑群完全和谐地融合到了一起，同时，有机形式随着场地而延伸，如英国丘陵般自然起伏。

自撒克逊时代起，博物馆就代表了一类具有深刻历史背景的景观。一般认为，罗马人并没有有效地统治英格兰南部区域，它的表面纹理、土地类型和基础设施还是反映了当时人们普遍认为休战是痛苦的。似乎这种松散覆盖的、结构跨度清晰的特性正是为了反映古老的过去。同时，整个建筑的解决方法是完全现代化的：没有计算机化的设计工具，结构格式就无法形成。正如库里南所说，“我们需要多年的高科技建设和计算机建模才能超越它，从而可持续地使用我们周围森林中的材料，而且使材料使用量达到最少。”[4]

该建筑和原来的建筑一样是建构的，它向下接触到了那个密封下沉的档案室由土地保护的地基中，结构保持着单层的轮廓，尽管事实上是两层。多层胶合的圆柱和一层叠合梁结构支撑了一个木支架甲板，建筑和场地的布置完全利用了当地的自然特征，例如通过挖掘的土块、自然的雨水收集等。网壳结构本身完全由木材覆盖，绿橡木条是从英格兰和诺曼底获得的。在设计上，每层的边缘自然弯曲，使格子框架形成一种有特色的三面隆起的网格，保证了稳定性，这种方式下耗能最少。

爱德华·库里南（Edward Cullinan）、史蒂夫·约翰逊（Steve Johnson）、罗宾·尼村尔森（Robin Nicholson）和约翰·罗马（John Romer）等建筑师们同绿色橡木业公司，同迈克尔·迪克森（Michael Dickson）、理查德·哈里斯（Richard Harris）、詹姆斯·罗威（James Rowe）和波尔德公司的彼德·莫斯利（Peter Moseley）一起工作。这种建筑师、木匠和工程师之间的密切合作对于博物馆工作间最具核心意义，这种合作略带消极的中世纪协会结构的形态，但是也具有更多现代的高科技设计工具的优点。在不同的环境下，设计过程也许被否认，但是博物馆负责人的积极参与保证了以场地为特征的形体的实现，而这正是一种和谐，共享的画面的表达。

乐观地说，威尔德与唐兰德博物馆工作间是一种可持续建筑新风格的先驱，它既立足于本土，又现代感十足。它并不是对当地的一个隐喻，相反，是一种普遍认可的哲学，与当地需求是完全一致的。它是真实的，而不是假定的。网壳结构最终自然地融于风景之中，而不是有意识地表现场地的形式，更重要的是，这种以场地特征为形式已经成功，而以产品为特点的形体将永远无立足之地。

4. 项目描述，爱德华·库里南，2002 年 1 月。

左图：这个2层建筑隐藏在较低层次的土壤中

右上图和右下图：2层楼的范围

右中图：穿过地下室的栅栏

对页图：内部厂房空间，由格栅结构屋顶

建筑景观化
Architecture as Landscape

大阪城市大学媒体中心
Osaka City University Media Centre

日本大阪，2002 年
Osaka，Japan，2002
日建设计株式会社登坂诚与戴维·巴克
Makoto Noborisaka and David Buck for Nikken Sekkei

对页图：铺好的人行道模仿分形景观平面表面，表示与建筑术语的脱节

登坂城（Makoto Noborisaka）和戴维·巴克（David Buck）最初对场地的令人生畏和毫无生气感到有些挑战性，这个10层高的，由铝板覆盖的建筑置于一个中立的广场之上，代表着重建总规划中的第一个阶段，设计展现了设计师站在更多日本传统大学崇敬而神圣的学习场所这种模式的对立面。登坂诚和巴克处于一种调解的角色之中，他们站在当地居民和学生之间，而那些学生更容易接受这样一个广场的预期利益。设计师优先考虑了师生的需求，因为他们和长期居民是截然不同的，因此设计师在考虑到图书馆塔和周围风景形式上的连接之后，寻求建立一种介于两个团体之间的活力和舒适的关系。事实上，风景园林设计本身在一个形式僵化的、建筑边缘硬质的环境中扮演着重要的角色。

风景园林设计本身几乎没有余地发展任何一种开放的种植规划，并且还产生了一条特殊的轴线。塔和广场入口处的铝棚从这方面来讲是一种优势，其用一种既大胆又优雅的方式调节塔和广场。同样，广场风景中水的运用是一个敏锐的设计，因为它将真正转变场地，最初看起来是垂直建筑形式的辅助物变得积极而充满诗意。因为建筑并无特色，只有布置良好的风景才能在建筑和空间之中创造和谐。

考虑到图书馆和媒体广场本身具有传递和接受信息的功能，风景园林师选择了来自图书馆文章中的文字，并把它们沿着广场作为实体散文传播，像散开的文字一样传递图像，设计师选出来的图像有关风景感知和在生态学背景下的风景本身。设计师将铸造的铝制铭牌微妙而诗意地浸染于体现着自然深意的地形上，将其安排在铺装的网格之中，它围绕着长椅或用于点缀种植池中而得以具体化，使市民和学生一起阅读，从而作为一种隐喻的联系。这些词同时引发了关于自然的问题，提供人类知识的采撷，并使这些与当代城市相协调。

被选出的第一组词是人类关于自然风景的相互联系。这些词借鉴敬畏、神秘等反应，从更早的、更原始的时期来提取人与自然关系的回忆。其目的是想引起一个直接的情绪反应。

文字主题继续通过39个铭牌介绍了风景生态中的一些关键概念，它们代表了无序性、物种循环和对于生态价值探索的强调。一些铭牌写下了领军人物的名字，他们对生态学的研究做出了贡献，充满意味的是，其中还有空白铭牌也在其中顺应其继承者。对于学生而言，一个铭牌的旅行变成了一种实地考察。

图书馆特别要求，学生可以通过“书籍邮寄”接受那些过期的书。风景园林师继续以一种隐喻的框架来设计，提出了关于达尔文著名的《物种起源》放大的复制品的想法，因为达尔文是世界上第一个生态学家。铝框架包括了全文、封皮、标题，甚至吸收了原著中的纸张质地。这个散文实体作品站在入口罩棚处，阐明了这个看起来功能不详的建筑的真实功能，并且以一种幽默的方式强调了达尔文对于生态学的历史贡献。

这个在风景园林中具有独创性的著名例子引起了好奇的情感。毫无疑问，在这个花园中，熟悉感会与日俱增，那些在附近居住和工作的人的关系和依存也会得到培养。在所有的实体散文中，每一个个体在他的头脑中会形成一幅独特的画面，正是来源于这些名字和词汇。它不可能被废除，而是被小树龄的花灌木、喷泉和大水池所调和。有太多东西需要我们的思考，不仅仅地面上的物体，也包括上层鸟瞰到的东西。这种具有延展性的隐喻手法在本质上并不是日式的，其象征着一种全球性文化，从而代表着这个广场致力于保护全球脆弱的生态环境。值得注意的是，作为解决问题的办法，此方案具有原创性，并且作为先例，开辟了进入花园诗意的道路。

对页上图：媒体中心的巨大街区，右边是校园里的住宅。株式会社和巴克利用“文字”和“水”特征的主题应用，创造了一个景观干扰

对页下图：水景与各种铺地的整合使周围高层建筑的视野更加开阔

上图：镶嵌在混凝土中的铭牌分散在广场周围

下图：铭牌和硬质景观表面的细节

欧洲电影学院
European Film College

丹麦埃伯尔托夫特，1992 年
Ebeltoft，Denmark，1992
海基宁和科莫宁建筑师事务所与景观专家杰普·阿加德·安德森
Heikkinen and Komonen Architects，Landscape Specialist Jeppe Aagaard Andersen

对页图：规划及其相关

立面 / 剖面表示相对较低的场地占用密度。该规划亦显示了各种结构与地形"低"陆地轮廓的一致性

如果我们把建筑作为风景的一个词汇，这就是一个很具体的定义。建筑的灵感可以取自其基本地貌，这种地貌要么来自基址的风景，要么来自它周围的环境。环境建筑可以真正地融入风景之中，或者显示出和它紧密相连的平面或轮廓。或者，建筑师可以获取有关土地的调查，记录土地最显著的特性，并且，反映出形成根本风景的形式和结构的地质作用。

埃伯尔托夫特附近的基址是极富野性的，它几乎是一个沼泽地，对于丹麦这样一个高度文明的国家而言是非常不寻常的。在某些方面，这个地方是一处草地上的垃圾填埋场基址。事实上，场地的形成赋予其与众不同的特性，这是冰河时代的直接结果。场地等高线表达了缓慢的、巨大的冰川中水流的活力，海基宁和科莫宁把建筑与动力相呼应，冰川趋向于沉积大块的岩石，并随其缓慢地向前流动，将它们抛弃在两旁。正如建筑师将那些被移动的花岗岩巨石和碎块明显安放在芬兰本土景观中一样，建筑体块也坐落在破碎的沉积物上。

场地是充满野性的，但同时也在埃伯尔托夫特的老城附近，是一个重要的文脉要素。场地的深谷被毫发无损地保留下来。最大的街区纵向楔入冰川水流中，被真正固定在那里，刺入冰川遗留的山脊。在上一轮的方案中，这些公寓建筑沿着等高线形成一个半圆形，接下来，这组建筑形成一个弧度以契合向下延伸的等高线。具有隐喻意义的是，人们可以从如项链般安置的居住建筑的任何一种方式中看出这些流线，就像某些考古发现一样，迟一些才能发现。重要的是山谷具有完整性，并且被尊重为一种设计约定。

这种观察和描述只能在场地中得到测试和证明。无良的开发商能轻易偷窃或滥用这种哲学，以实现集中的建筑容积率，而并非遵守发布的规划法令。

海基宁和科莫宁已经在埃伯尔托夫特证明了他们实践中严谨的诗意学方法。在过去的 20 年中，他们的作品从概念上显示出来一个诗意的现实主义，它是基于对场地、构造地质学和光线的认识，但同时也借鉴了经验和正式定义的学科之外的其他来源，即视觉艺术、电影艺术、天文学和自然科学。[5]

海基宁和科莫宁声称他们属于理性现实主义，后者被长期认为代表着一种美学和社会态度上的对比，而这种态度是芬兰建筑表象上更有解构主义的趋势，并且与由阿尔托建立的以人为本的唯理论者的规则有所背离。然而，个体建筑围护结构内对于网格结构的依赖并没有排除拓扑法，简单地说，在他们的头脑中，自然空间的本质是遵守一种特定的内在结构动力，埃伯尔托夫特也是如此，这也许是那种空想方法的对立面，但是两者仍然都存在尊敬，也可以认为它与詹姆斯 · 塔瑞尔（James Turrell）、哈米施 · 富尔顿（Hamish Fulton），或者理查德 · 朗（Richard Long）等艺术家精心观察得出的结论相一致。两个团队自费访问了北欧的场地，研究了冰川流动的产物和本土美国人的土丘。

设计师在自己的方法论中强调了对隐藏的几何学的研究。藏在等高线下的地层体系就是这样一个例子，它是长期存在的栽植方式或居住模式的产物。米科 · 海基宁（Mikko Heikkinen）说："自然建筑空间，无论人工或自然形成，经常会达到同样的效果，当你开车穿越规则式橄榄种植线时，你会拥有一种难以置信的动态经历，一个由自然本身形成的山谷，一座石质大教堂，远比人造的纪念碑具有更大的震撼力。"[6]

欧洲电影学院利用了这些资源，静静地伫立在临近的支撑墙面的建筑本身的结构形式证明了混凝土框架的美学潜能。上层结构的运用平静而不张扬，适应了天际线和必要的外部元素。好像各式各样的建筑必须简化地表达它们本质上的目的。各种组成块嵌入山背之中，分散在溪谷各处或是尽可能维持草地或是粗糙的、被风吹起的草和满是小石头的荒地地表。在中距离处，坐落着埃贝尔托夫特镇的轮廓和林地的边缘。同时，每一处建筑的安置都是通过精确计算的，它们互有联系，并且处于冰川景观的自然轮廓内。

主要的街区将场地分成不同的两部分，所以深谷保持完好。与场地等高线在一条线上的开放台地背对着学生宿舍，用于娱乐和休闲。这是一个提供食宿的区域，同时也处于建造的结构和未改变的场地结构包围之中。

建筑的南立面连接着小尺度的必要建筑，以达到城镇的精美比例，同时，在北面，即阴面有一个更强的、更具保护性的立面处理措施，其中包括了 3 毫米厚的镀锌钢，这是一个对抗其他元素的增强的护甲（以中世纪的角度来看）。

停车场与住宅分离，一条完整线一直通到北立面的长入

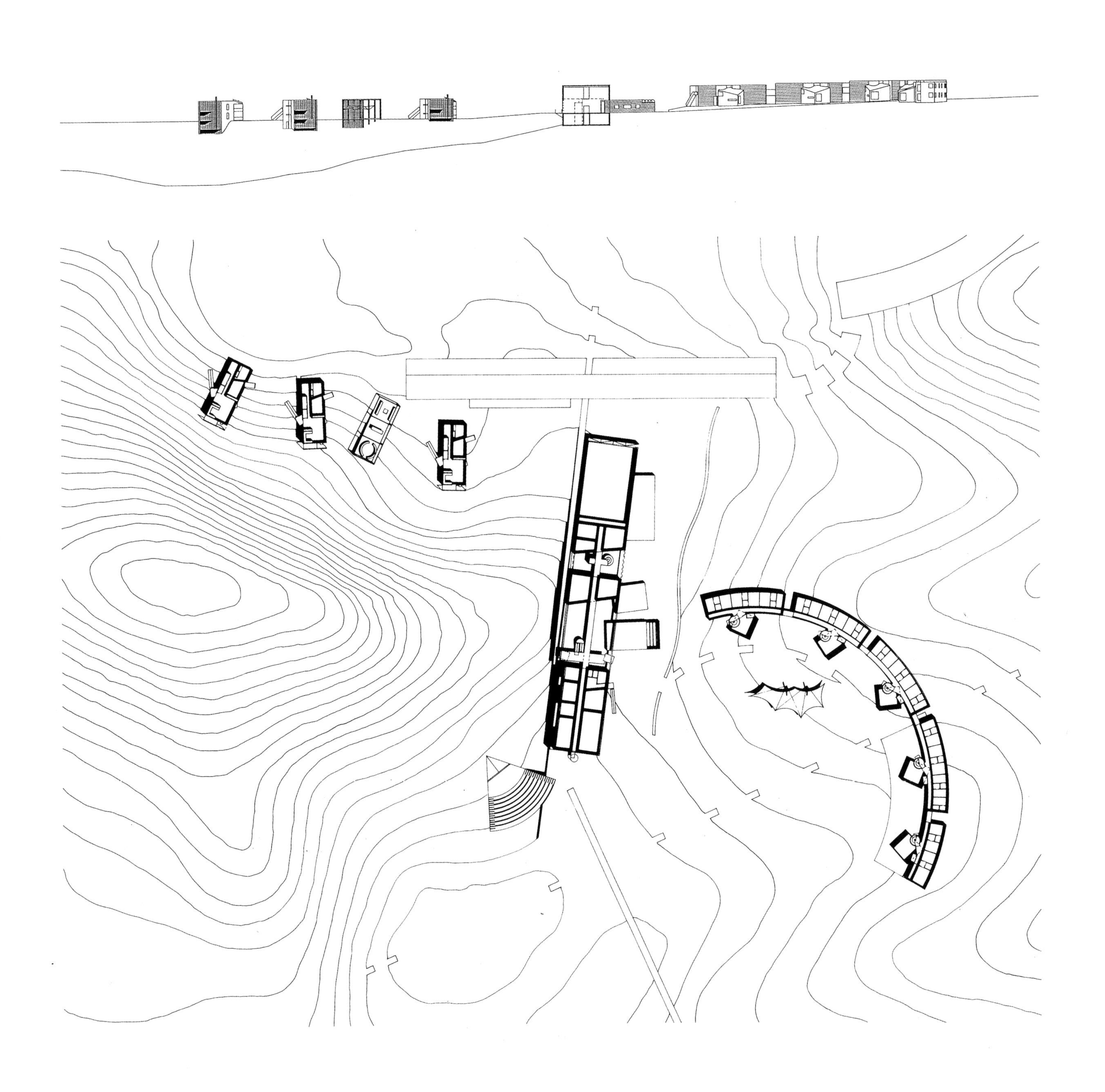

上图和右图：住宿建筑

在网站的天际线以下保持较低的轮廓

对页上图和下图：半圆形街区的天际线精心增加了层数

口桥处，悬浮在自然的山谷之上，同时面对着远处的城市和海湾的天际线。

学院中各式各样的建筑有宽敞的、玻璃的开口，使得风景渗入建筑之中，循环空间沐浴在阳光中。这里没有人工种植的树或者花床，没有东西打扰这种巧妙的结合：即安放在这里的建筑和几百万年前创造的风景的动力完全融合。这里没有精心策划的剧本，只有简单风景的发现，并伴随着空间中的纯粹物质的建筑调整，这一点恰如其分，但对于一个电影学院来讲也许并不常见。

5. 项目描述，Heikkinen & Kommonen Architects，1992.
6. Peter MacKeith，article in *Korean Architects*，130，June 1995，p.54.

建筑景观化
Architecture as Landscape

新潟表演艺术文化中心
Niigata Performing Arts Cultural Centre

日本新潟，1993 ~ 1998 年
Niigata，Japan，1993-1998

长谷川逸子
Itsuko Hasegawa

对页图：该中心概况：显示与地面种植及海旁协调的绿地屋顶景观

长谷川逸子（Itsuko Hasegawa）成功地完成了不可能的任务，她为新潟（Niigata）做了一项设计，这座大规模集休闲于一身的建筑复合体实现了认可了不同组成元素之间的基本组合。她通过提高由自然风景和植被组成的绿色统治，将根本不同的建筑元素的片段紧密结合成为一个单一的统一景观，考虑到场地上以及场地周围的压力，这无疑是一项成就。

建筑项目要求 2000 个座位的音乐厅、900 个座位的独立剧院和 300 个座位的传统舞台。这些关键元素包含一个 8 公顷的场地，而它就在 Shinano 河的前面。同一场地上已有一些娱乐活动，这些建筑使用了简单的设计。事实上，在长谷川逸子开始考虑建造新文化中心建筑之前，该项目就有一定程度的妥协。除此之外，也有关于在这片区域增加水泵服务设施、700 个汽车停车位和林荫路的计划。由于整个场地占据了一个再生的河床，地下水位在地表下大概 1 米处，所有这些设施不得不安置在地面上。

现存的设施星罗棋布，从场地来看，外表几乎没有任何联系。然而，长谷川逸子意识到比较古老的日本城市（例如新潟本身）就是沿着这样的自然河流基址发展起来的。滨水地区不属于任何人，所以往往成为公众活动的无界限领域。长谷川逸子的空间概念里认识到了这种无序的、多层次的活动，并把它称为一种“积极的流动”。这种设计不仅反映了附近地区流动的风和潮汐，同时这些运动也和人们生活中的音乐旋律产生共鸣。

正如长谷川逸子所了解的那样，“过程主义”城市必须包含着集体回忆。她寻求给予场地一种阴柔的精神特质，以达到一种更柔软的、天生积极的，以生命为缘由的哲学。例如，似乎现存的部分风景园林可以自己脱落并沿着基础设施浮动，最终沿着河的边缘分布。当长谷川逸子发现新潟市最初是一个由一系列小岛组成的群岛这个被城市扩张所掩盖的事实时，她探索了可替代的方式恢复这片区域内在的自然。

长谷川逸子设想新的文化中心是一系列漂浮的岛，它将会是一个被恢复的地形，尽管为了节省建筑开支，三个主要大厅统一成一个建筑。这个概念通过地面上一块 6 米高的中间热板得到实施，由一种明亮而通透的气氛通过与大厅纠结在一起的椭圆形玻璃幕墙创造出来。在这些玻璃层中，一种可回收的、穿孔的铝屏幕具有遮阳的作用，而这一点对于经常有大众光顾的场所是非常必要的。通过在核心结构周围建立一个完整的自由循环，岛屿拓扑结构得到了强化，即一个由桥和花园所组成的外部网络和内部建筑相连，因此增强了通过建筑实现统一景观的感觉，整个场地变成了一个表演空间，桥扮演着舞台的角色。

长谷川逸子一直认为对于当地历史和状况的研究具有某种优先权，她说：“土地拥有某种潜在的品质，正如同人的身体会保留在它内部的最初的回忆一样。”[7] 她称这种品质是建筑的“第二自然”。[8]

她认为她的设计来源于自己在东京生活的心灵过滤过程。[9] 她宣称江户时代的传统文化感受在她的家乡城市中依然存在，无论是在物质还是心理方面。她乐观地认为现存的、混乱的城市状况将会被一种将要开发的更新的、更高尺寸的空间所代替，而不是一场灾难。长谷川认为将会带给东京新秩序和自由的或许是电影导演、音乐家、数学家、科学家中的某一类，而不是城市规划师。

长谷川逸子同样喜欢提及分子生物学和其构成所有生命物质的方式，当然包括人类在内。但是她乐于承认，这意味着抛弃了把建筑作为某种原因的产物这一想法。自然包括了整个人类的生命，“其作为一种普通的生物而得到容纳”，这样的认识明显可以从长谷川逸子 1990 年以前的早期作品中看出来，她通过设计文化中心恢复神奈川的计划是新潟项目的一个有价值的先驱。长谷川逸子发展了一种包括一切的灵活的美学，为不完全地下的复合体提供了一个多样的解决方式，这个复合体是由观众席、体操馆、社会活动场所和一个儿童中心组成的。

在新潟市，长谷川逸子的早期研究使得她出类拔萃。她对显然不人道的发展规模依然无所畏惧，并且带给这个项目一种关于人类文化和相关休闲活动的基本灵性，并且在其新的滨水设计中建立了一种场所精神，静静地继续产生共鸣。通过 40 年的发展，她的作品已经成为女性建筑师城市设计和风景园林作品的杰出范例。长谷川逸子将形成场地的敏感性提到了首要位置。

7. 其与后续的 8、9 均引自：Itsuko Hasegawa，“A Search for New Concepts”，*Theory and Experimentation*，London：Academy Editions，1993，pp230-236.
8. 长谷川逸子的文章及其近期作品的陈列，2000 年 8 月。
9. Project description，Hasegawa office，1998.

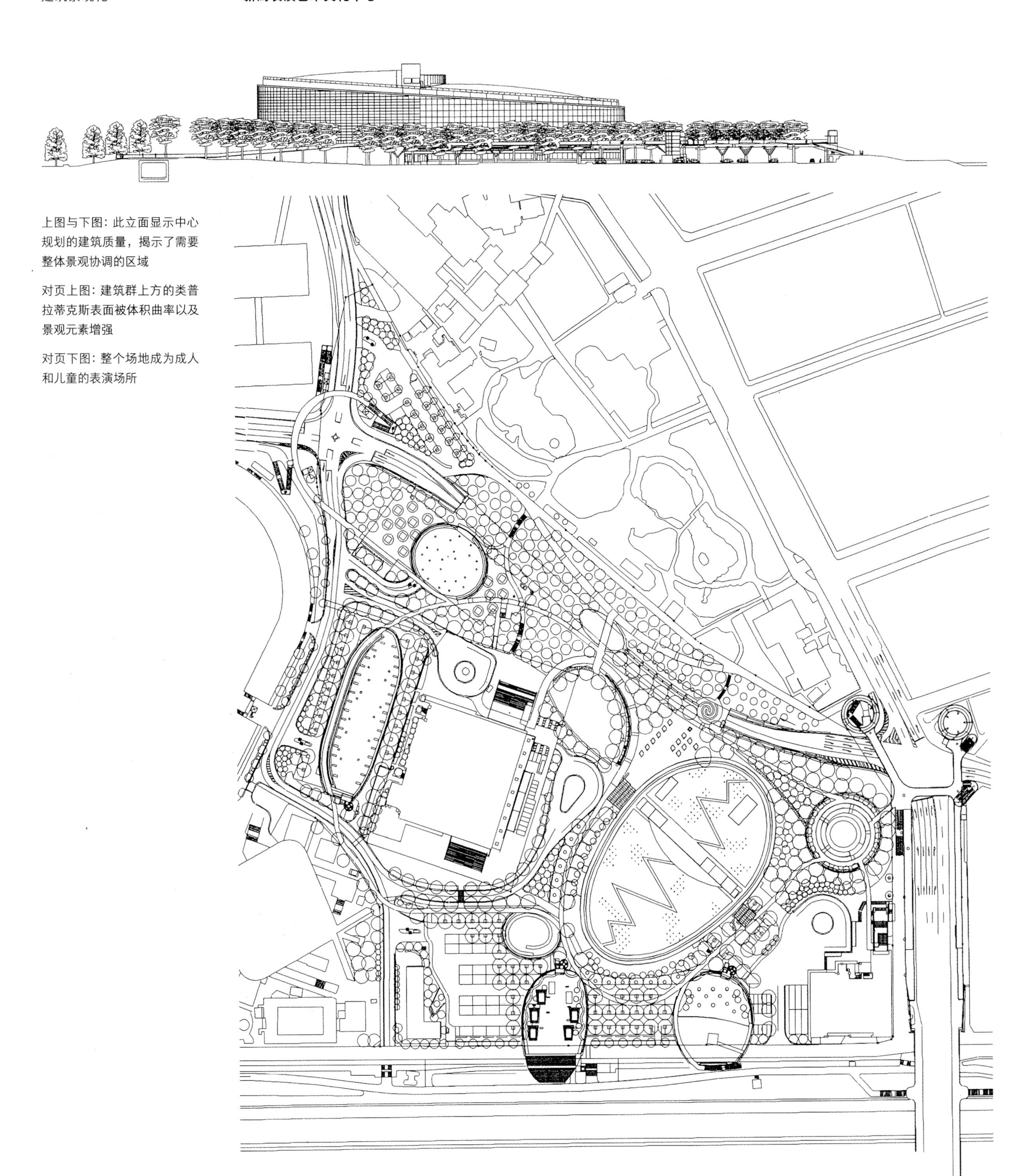

上图与下图：此立面显示中心规划的建筑质量，揭示了需要整体景观协调的区域

对页上图：建筑群上方的类普拉蒂克斯表面被体积曲率以及景观元素增强

对页下图：整个场地成为成人和儿童的表演场所

亚瑟和伊冯·博伊德教育中心
Arthur and Yvonne Boyd Education Centre

澳大利亚新南威尔士州西坎贝瓦拉“里弗斯代尔”邦达信托公司，1999年

“Riversdale” West Cambewarra，NSW，Australia，1999

格伦·马库特、温迪·莱文和雷格·拉克

Glenn Murcutt，Wendy Lewin and Reg Lark for the Bundanon Trust

对页上图：向东看浅滩河

对页下图：餐厅，方向与上述类似

20世纪末，建筑师格伦·马库特（Glenn Murcutt）脱颖而出：他吸收了原住民对于大地和风景的敏感和敬畏，通过大量的住宅设计把它们传播到广大的澳大利亚建筑圈内。用他自己的话说，他的建筑并不植根于澳大利亚的树林中，而是“轻轻地触摸着大地”。[8]他的大多数建筑项目都遵循了这一基本理念。

Riversdale的亚瑟和伊冯·博伊德（Yvonne Boyd）教育中心位于Nowra附近的Shoalhaven河，建造这个建筑中心完全出自令人开心的巧合，亚瑟·博伊德（Arthur Boyd）或许能称得上是澳大利亚的首席画家（去世于1990年），去世前将这场地和临近Bundanon的财产一起捐给了澳大利亚人们。博伊德在这里工作和生活了20多年，显示了对于河流景观的极度尊重，他在这里创作了大多数引人注目的绘画作品，并且主要集中于被机械化的娱乐消遣破坏的场地上。这里有着法国莫奈花园的元素，它以重现画家莫奈所保留的世界而闻名。但是，里弗斯代尔和Bundanon风景区域更为宽广，其中包括画家常去的各种各样的场地。

这是一处固定的风景，留存的原住民群体与土地最初就相关联，布满岩石和灌木的悬崖看起来并不遥远，并且，在悬崖上可以俯瞰定居地和建筑。总之，这种类型的场地非常优秀。

路的入口很深并且有禁区，一旦到达，人就会发现一种田园牧歌式的清新，古老的农庄小屋曾经占据了场地，而那时博伊德曾经在此居住和工作，土地缓缓地与河岸分开，这是早期定居者第一次看到的景象。季节性的洪水可以让风景来一个突然性的反转，博伊德经常记录河流碎石、斜向上长的树和偶尔沿着Shoalhaven河向下颠覆漂流越过Nowra入海的不幸的牛，这些都是亚瑟·博伊德的主题事物。

Arthur和伊冯·博伊德的构想是为将来的学生和画家们保留一个未被人类破坏和改变的世界。马库特和他的团队受委托设计了一座新建筑，可以表达所在场地的心境的本质。

马库特和莱文非常喜欢这个场地，他们之前的学生雷格·拉克（Reg Lark）也加入进来。他们正在处理的是一个比以前任何委托都明显大很多的建筑。中心打算在公有的基础上通过Bundanon信托机构提供教育和绘画等服务，支持基本的公共设施。这里一次最多可以服务32名学生，马库特发展了一套本土的概念，由此推论，传统的农业建筑群的简单街区、栅栏和羊毛剪理捆装厂都变得很重要。事实上，中心将这里作为北面重要的入口区。新建筑坐落于此，充分利用了斜坡的优势将两层楼合并到地面更加急剧消失到河里的地方。当参观的艺术家们穿过宽阔、开放的平台之外的两座早已坐落在这个场地的传统村舍时，建筑地形作为一个整体并不能马上显现出来。蘑菇色的硬景观穿过宽阔的混凝土基座，将景观美化扩展到这个核心处。

格伦·马库特意识到直接风景中自然地形的全部优势，并且将其充分发挥了出来。而且，他致力于用最小的干扰渗透土地的表面：码头上的混凝土基础减少了表面水流的积累作用。所有的污水和污物精心循环，像马库特的许多其他建筑项目一样，雨水得到有效收集，并且被转移到地下蓄水池用于贮藏。屋顶以马库特乡村建筑的方式充满褶皱，放置在一系列木梁上，内部裸露在外。由最常见的回收木梁制成的简单门保持着这种特色，平顶房屋使东北风进入建筑内，形成独特的有褶皱的屋顶景观。

这里的农场建筑从附近的树丛中脱颖而出，教育中心也不例外，建筑同样表达了一种理智和艺术的紧密关系，也表达出白色拉毛粉饰法传达农屋的精神，Tuscany的其他艺术家也认可了这种精神。在里弗斯代尔区，新的建筑轻轻地抚摸着场地，将非常广泛的不同场地类型与本国的传统进行协调。在外面开放的区域，一个巨大的顶罩屋顶通过日光循环提供不同光强的保护，为绘画提供了极佳的条件。每间卧室的窗户均可欣赏到周围环境的远景和私人景致。

这个项目在强调一位澳洲绘画大师对的风景尊重的同时，以场地为特征的形式完全开放，刺激每一个来访的学生和艺术家并给予他们创造性的鼓励。这确实是当地的一首歌谣，不是一种口头上的可持续的传统，而是一种视觉画面。中心暂时面向后来定居者耕种的田园景观，还有草场、河流，以及他们发现的如此诱人的田园牧歌式的风景，同时，早期原住民的猎人聚集点也在建筑后面不远的地方，并且部分地嵌入了土地之中。这是一座四季的建筑，向这个具有以场地为特性的风景形式的建筑致敬。

8. 这个词由马库特于1998年7月在悉尼与作者的讨论中提及。该想法在以下著作中作了详尽阐述：
Francoise Fromonot，Glenn Murcutt：Works and Projects，London：Thames & Hudson，1999，pp.35-36. 另见：Vicky Richardson，New Vernacular Architecture，London：Laurence King，2001.

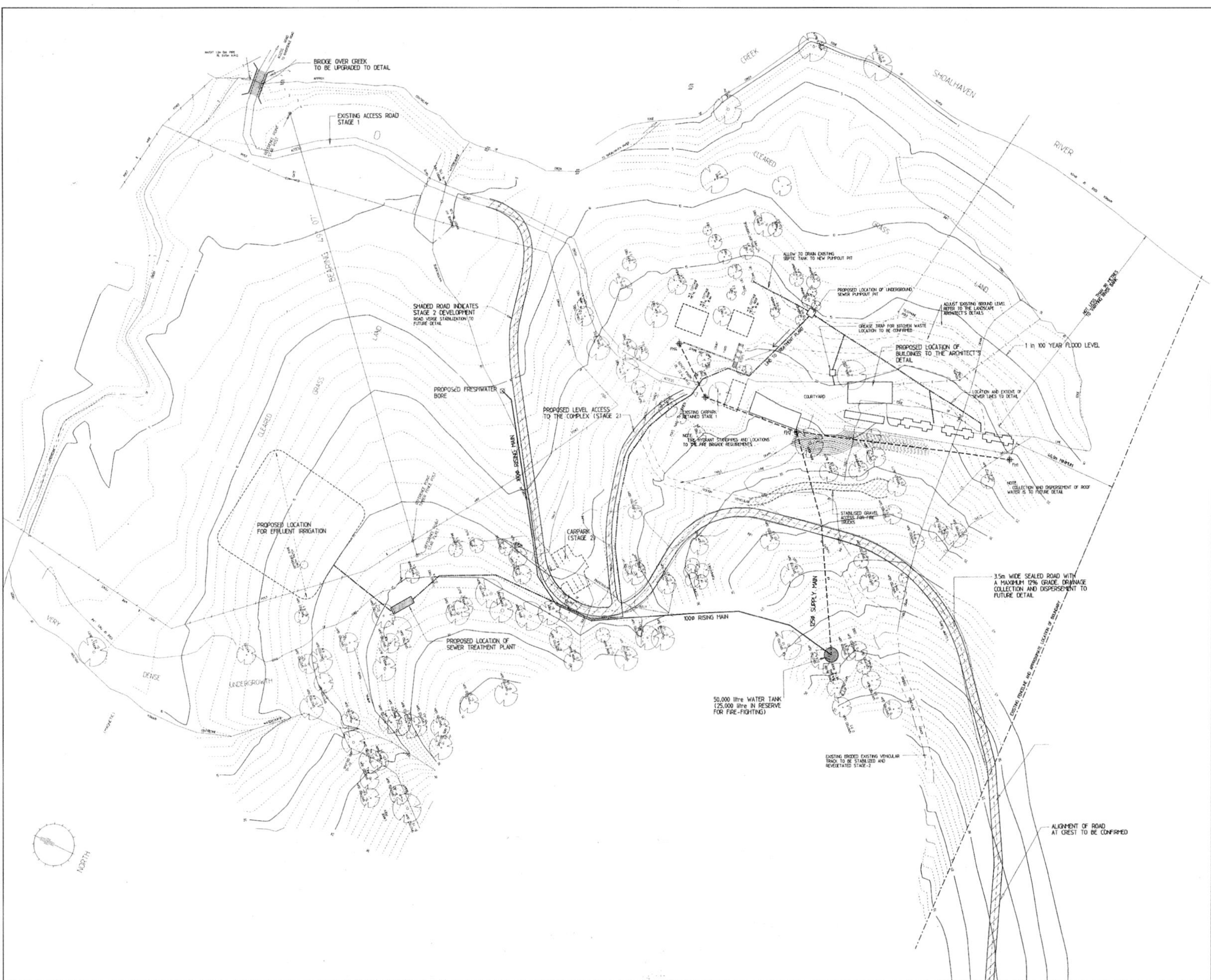
BRIDGE OVER CREEK TO BE UPGRADED TO DETAIL
EXISTING ACCESS ROAD STAGE 1
CREEK
SHOALHAVEN
RIVER
CLEARED
GRASS
LAND
SHADED ROAD INDICATES STAGE 2 DEVELOPMENT
PROPOSED FRESHWATER BORE
PROPOSED LEVEL ACCESS TO THE COMPLEX (STAGE 2)
PROPOSED LOCATION OF BUILDINGS TO THE ARCHITECT'S DETAIL
1 in 100 YEAR FLOOD LEVEL
COURTYARD
PROPOSED LOCATION FOR EFFLUENT IRRIGATION
CARPARK (STAGE 2)
100ø RISING MAIN
125ø SUPPLY MAIN
PROPOSED LOCATION OF SEWER TREATMENT PLANT
50,000 litre WATER TANK (25,000 litre IN RESERVE FOR FIRE-FIGHTING)
3.5m WIDE SEALED ROAD WITH A MAXIMUM 12% GRADE. DRAINAGE COLLECTION AND DISPERSEMENT TO FUTURE DETAIL
ALIGNMENT OF ROAD AT CREST TO BE CONFIRMED
VERY DENSE UNDERGROWTH
NORTH

对页左上图：从灌木丛景观的边缘看，显示向西的海拔进入开阔地带

对页右上图：新楼北面既有的乡土建筑

对页下图：与新的中心在右中的场地规划。浅滩河在山顶

上图与左图：该中心的两层宿舍楼，位于该计划的南面

园林景观

最古老的莫卧儿天堂花园、中世纪花园以及肖蒙、尚蒂伊、维兰德里和凡尔赛的大型正式花园都有一个共同的决定性因素，即花园与远处的野外景观分离。相比起来，英国“能人”兰斯洛特·布朗的花园与装饰过的房屋墙壁连接，或者说花园通过一道暗墙与之隔断，这样一来，其与宅子里高贵的钢琴的分离就显得并不明显。意大利 15 世纪文艺复兴时期，别墅花园的历史崛起巩固了这些差异的存在。

在古代，不管是口头传统，还是书面记录，阿卡迪亚人都庆祝着这两种截然不同的梦想。奥维德的《变形记》(Metamorphoses)，维吉尔的《牧诗集》(Eclogues)，以及卢克莱修的著作（De Rerum Natura）的确已经于 15 世纪获得了大众的认可。1452 年，莱昂·巴蒂斯塔·阿尔伯蒂在《论建筑》表达了对美的一种看法，用原文的话来讲，“它产生了……这更多来自大自然。所以它真正位于思想中，于理性中”。阿尔贝蒂的论点同样适用于园林设计，正如其适用于建筑本身一样，而且在今天，这些论点很大程度上仍然是有效的。文艺复兴时期的花园诞生于建筑与自然之间。米开罗佐的梅蒂奇别墅——Fiesole 庆祝学习和学术的尊严，在建筑和花园的结合中体现了柏拉图式的价值观，克制而和谐。在这个作品中，阿尔伯蒂第一次以最纯粹的形式实现了自己的想法：从其与周围景观的关系来完成花园的构想。花园本身就是一个思想的景观。接下来是伟大的法国花园，其在表达力量和彰显地位的过程中远远超过了直接的城堡环境，横向延伸至遥远的景观。

上图：Jardin d' Ornement 或 Parterre 花园，位于法国 Villandry indre-et-Loire，1906 ~ 1924 年间由卓新·卡瓦洛博士（Dr. Joachim Carvallo）创建

下图：柏林婚礼上的克林加滕（约 1930 年）。克林加滕是从该州租来的一片土地，供一个没有的家庭使用。这类情节通常被称为施雷伯加滕，来源于首次提出这一想法的丹尼尔·史莱伯博士（Dr. Daniel Shreber）

现代景观更有趣的一个先例可能是神道或佛教园。在 40 年的研究中，德国建筑师冈瑟·尼奇克促进了西方对于“统一”思想的理解，正是这种理念引导着日本的园林设计，而并非“分裂”的思想。[1] 令人惊讶的是，尼奇克（Nitschke）看到安藤忠雄的美术花园后提醒我们，“最终这里展出什么艺术其实无关紧要，无论是欧洲的或是亚洲的，神圣的或是亵渎的；它显然对空间艺术起到的作用是次要的，这对于人们想要慢慢体验的场所来说也是一样的。”[2] 此例中，花园景观建在地下三层的一个沉入式空洞中，这一建筑的设计如此戏剧化，因此并未得到认可。

20 世纪早期，埃比尼泽·霍华德的田园城市运动围绕田园城市景观的概念展开，不知何故，它将自然健康的观念神圣化，成为过去几十年中结核病恐慌的社会解毒剂。对于欧洲的低收入群体来说，这个问题最终有了一个解决方案：单个家庭经分配获得花园空间，其周围指定的土地上则是

其他家庭的，这样一个家庭接着一个家庭，依此类推。在德国柏林的婚礼上，德国私人小花园（Schrebergarten）是一系列经分配的可居住小屋。[3] 这些空间充满个性化，但基本上是公共的。位于法国罗纳省布龙的现代家庭花园（JardinsFamiliales）具有相似的规模。在为重建住宅区选择理由时，当局错误地对住宅进行了标准化，这使得用户感到懊恼。每个单独地块的精神都受到了破坏。英国变体通常保留了分配持有人设计住宅的权利，通常由最脆弱的进口材料制造而成。然而，所有的案例都告诉我们，只有个体成长和重建的欲望与大规模组织结合，最终才能成功。

确实，21 世纪十分注重提供行人的公民自豪感。巴黎市中心的 Mathieux 和 Berger 的海滨长廊很可能已经启动了一条过时的铁路线路，将其变成了一条穿过街区的绿色长丝。这一连绵不断的全景提供了多样化、即兴的视觉体验，不仅是广阔天际线的宏伟和美丽，还有街道上方的日常生活，因此创造了一系列情节插曲。

几个世纪以来，水在园林景观中经常发挥着重要作用。从莫卧儿时代开始，我们发现人类对水源的依赖不断增加。本书三分之二的案例研究都发现，水的自然特征或人为特征都一直在设计的演变中发挥着至关重要的作用。单单在本节的花园景观中，就有四分之三的案例将水（无论是现有的还是引入的）作为一个定义性的元素。再次需要提及的是，几个世纪以来对水的最深刻的认知可能出现在日本。通常，正如尼奇克声称，“聆听沉默”的概念使得美国“体验我们自己的原始性质，超越一切形式和非形式”。弗兰克·劳埃德·赖特的考夫曼之家（1934 ~ 1937 年），被称为流水别墅，肯定似乎引用了神道经验；即使瀑布干涸了，存在和记住的“声音”将持续存在。这是水作为现代建筑的一个组成部分，而不仅仅作为附加的花园景观特征的首次亮相。

在 Hemel Hempstead 新城（1954 年），杰弗里·杰利科设计了一个融合了线性湖泊的景观。40 年后，当地用户对这一特征的追求极其狂热。如果它从景观中移除，那则是他们生活的另一种贫困。

在婆罗洲岛和斯波伦堡岛上，West 8 的巧妙创造（参见第 170 页）也许是 Urge 建造水的最充分的成果。它们的前身为集装箱储存码头区，现在已经变成了一个完整的水边栖息地。 该景观中，高伊策利用港口遗址的长骨，创造了一个极具个性的水边花园，既具有历史性又具有现代感。

在日本的北方町，玛莎·舒瓦茨于四个独立的住宅区内建立了一个统一的花园模板。她谨慎地使用水元素，在完全不同的建筑物之间建立了一种可感知的和谐：景观即协调一切。

无论是在犹太博物馆，柏林（丹尼尔·里伯斯金和 Lützow 7）还是在三谷彻设计的诺华制药 KK 花园，园林绿化都可以发挥其传统作用，增强周围的建筑方案，在建筑和周围环境之间进行调解。凯瑟琳·古斯塔夫森精心策划的埃索总部河畔花园大量利用水来提供绿色庇护所，同时人们也期待她为伦敦海德公园设计的戴安娜王妃纪念喷泉计划获得比赛的胜利。

贝尔纳·拉叙斯在尼姆附近创造了一个与众不同的花园景观。他认识到司机及其乘客的需求，提供了一系列独立的视觉活动和一片可以野餐的和平绿洲。对于景观设计师而言，与交通基础设施相关的连续花园景观概念现在提供了全新的选择范围，目前尚未被开发利用。

公众对一些设计所提供的品质的依赖性增长，这些设计坚持历史先例，同时仍然按照时间顺序和全球的园林发展模式运作，这种增长令人振奋，如 Jellice 在兰尼米德的肯尼迪纪念馆等花园传统上融入了神话和幻觉，南卡罗来纳州查尔斯顿的西八沼泽花园看起来可以创造一种接近超现实主义的精神状态，这使得该地点的湿度、气味和自然纹理创造出一次完整的体验。在这里没有暗示，但现实只是在鳄鱼悄无声息地游过时呈现出来。

从历史上看，景观设计师总是能够在呈现园林景观时创造幻想和暗示。花园似乎最初自然地位于阿卡迪亚，但随之而来，现代人所需求的是一个保安人员随时都在附近的真正的庇护所。最初的伊甸园为基督教世界提供了强大的遗产。从圣经的角度来说，花园里的“每棵树都让人赏心悦目，且能创造食物”。

伊甸园的现代对立面可以说是巴黎的拉维莱特公园，其中有多种树木，由伯纳德·屈米（1986 年）设计，其中伊甸园的树木被各种刺激性的金属结构所取代。屈米追求多重和不相关的多样性原则，所有固有的对抗性因素都旨在（可能合理地）破坏“平稳的连贯性和令人放心的稳定性”。屈米将在拉维莱特公园里建立一个反情境的公园，“对存在建筑的痴迷，对有意义或传达信息的需求”的挑战，很多人会说，这是合理的。屈米将拆除这样的意义，表明它从来都不是透明的，而是社会产生的。人文主义的风格假设是可疑的。屈米还质疑“公园”一词（这里与花园景观同义），声

伯纳德·屈米，拉维莱特公园，法国巴黎（1986 年），不是一个封闭花园，也不是自然的复制品

称它已经“失去了它的普遍意义，不再是固定的绝对意义，也不再是理想，不是封闭花园，也不是自然的复制品”。[4] 具有讽刺意味的是，在试图消除这种象征主义的扩散时，人们也可能认为屈米将我们引向不受约束的伊甸园的原始理想，只是随后才被中世纪艺术家们的围墙所限制，不再对所有物种开放，对于植物来说这一切也是说不通的。

蒂姆·斯密特卓越的伊甸园中心由尼古拉斯·格里姆肖及其合伙人事务所设计。它为植物学提供了正确的引导，尽管它的世界完全封闭，里面却是一个外界无法比拟的天堂，从生态和气候的角度戏剧性地诉说了园艺和树木栽培的原理。它为观赏者提供了真实性和清晰性，这与屈米按照一定规则去除寓言和符号的理念是一致的。尽管位置偏远，但它却解决了城市居民对现实和自然奇观的渴望，这是其成功的一部分。

在魁北克的格兰德斯·贾丁自然保护区，加拿大建筑师皮埃尔·蒂宝特采用点网格基础，这显然与屈米在拉维莱特公园中的做法大致相同，已经产生了完全不同的景观装置。这些作品表达了原始主义，使用不平衡的结构。所谓的“冬季花园”旨在促进公众对七座高山湖泊的认识。蒂宝特还试图不改变环境而改变我们对景观的看法。这并不能说屈米在巴黎的城市环境中发现了强制性，其实，他是想让大众参与其中，心中产生共鸣。但是迄今为止，这两个作品中，对环境的必然性态度都已被取代。园林景观在现代景观中再次发挥着重要的多元化和发展性的作用，但只有通过这样的修正才能恢复其清晰性和目的性。

上图：伊甸园中心，生物场所概述，温带生物群落结构和人行道，St Austell，Cornwall，尼古拉斯·格雷姆肖及其合伙人事务所，1998 ~ 2000 年

下图：皮埃尔·蒂宝特，冬季花园，魁北克格兰德斯·贾丁自然保护区(2002 ~ 2003 年)

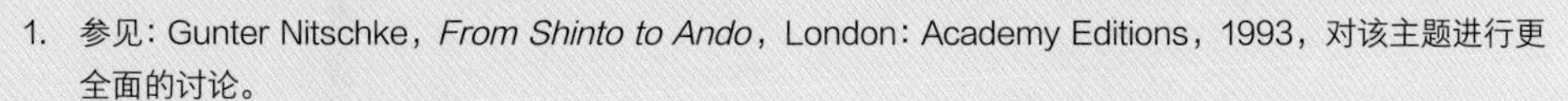

1. 参见：Gunter Nitschke，*From Shinto to Ando*，London：Academy Editions，1993，对该主题进行更全面的讨论。
2. 参见：Gunter Nitschke，“The Sound Silence of Water”，Michael Spens（编辑），*Landscape Transformed*，London，Academy Editions，1995，p.20.
3. 关于这个主题的完整讨论，请参阅 Nicholas Bullock，“Il Bertinese e la ricerca della natura” in J Rykwert（编辑），Rassegna，no.8，Milan，1981，pp.39-48.
4. 伯纳德·屈米，*Cinegramme Folle*，拉维莱特公园，Princeton，NJ：Princeton Architectural Press，1987，pp. Ⅵ - Ⅶ .

埃索总部
Esso Headquarters

法国勒伊－玛尔迈森，1992 年

Reuil-Malmaison，France，1992

凯瑟琳 · 古斯塔夫森

Kathryn Gustafson

对页图：运河的牢固水平线巧妙地嵌入草坪（右），平衡总部大楼的建筑体量（左）

凯瑟琳·古斯塔夫森（Kathryn Gustafson）已经证明：作为一名景观设计师，她拥有非常杰出的多产的技巧。用她自己的话说，她与“土地合作”。她设计的埃索总部非常清晰地体现这个方法。埃索总部由维古尔（Viguier）和乔德里（Jodry）建筑师事务所建造，其花园大概占据了1.3公顷，沿着塞纳河布置。

凯瑟琳·古斯塔夫森用很细的水道分离场地，并且用柳树和其他保留树种加以强化。她研究了全天的太阳方位，通过建筑自身标绘出很重的投影。有了春分和冬至的固定点，就可以划分出不同的太阳方位和阴影，而不用是石器时代工匠的方式。这给了她主要的视觉组成，她在这里引入了平行的水道，即浅浅的运河，水从上面的池中缓缓流下，边缘有一个简单的铺装的台地，通过台阶界定边界。一个斜坡作为高潮部分沿着主入口倾斜下来，将办公室与河流连接，并且提供了一个散步和休息的区域。

凯瑟琳·古斯塔夫森在凡尔赛宫的风景园林学校接受亚历山大·谢墨托夫（Alexandre Chemetoff）的训练。谢墨托夫于1975年成立了这个学校，他被公认为是20世纪80年代设计师运动的主要领导人，也被描述为“风景园林空间中的地平线的英雄”。凯瑟琳·古斯塔夫森是他的继承者。她原先从事服装设计，现在可以准确无误地掌握风景园林，为每一个项目发现一个完美的切入点。她的标志性成就包括通过优雅的等高线实现光线的下降和阴影、诗意的绿荫和水道的精确控制，沿着她精心设计的运河流动和旋转。

凯瑟琳·古斯塔夫森在Aulnay-la-Barbiere为法国欧莱雅的工厂设计的花园中(1992年)，将水道和浅的土地形式编织在一起，并用一个线形的人行桥凸显这种首要的地位。她的作品经常用来补救和改善缺乏自然实践的建筑。这些花园也可以描述为“合适的草皮，”在这种环境中，更重要的是实践并建造出来。

在伦敦海德公园（2002年），凯瑟琳·古斯塔夫森能赢得戴安娜王妃纪念喷泉竞赛的第一名不足为奇，因为水是其重要的媒介。这个喷泉在一个巨大的、可亲近的椭圆里循环流动，轻微倾斜，与场地的自然下沉完全一致。从埃索项目开始，凯瑟琳·古斯塔夫森已经作为设计师进行了整整10年的实践，她的作品保持着马上可辨认的、形式完全一致的并且是绝对独特的特质，这一点尤其重要。

上图与下图：浅浅、平缓移动的水池和强烈的几何图形沟渠提供了现场的主要景观元素

对页图：细长的上池及其倾斜坡道的强大影响

美术花园
Garden of Fine Arts

日本京都，1994 年
Kyoto，Japan，1994
安藤忠雄
Todao Ando

对页上图：安藤的场地计划

对页下图：剖面显示地下基准面以下的隐伏挖掘层

美术花园由京都地方政府于1991年委托建设。这是美术文化的一个独特庆典，而且处于禅宗哲学更广阔的背景下。根据规定，设计应该承认由日本建筑在过去的几百年里所建立的历史范例。斗转星移，任何一种比日本对自己的基本标准缺乏肯定的文化都会发现这种目标最终还是难以达到的。或者是，像许多当代日本和西方文化那样，这个项目或许已经蜕变成为流俗的设计、拙劣的模仿或者是仿造。

美术花园场地基址与一个植物园相邻，并且作为可以兼顾日本和西方艺术的室外博物馆。这种对于加强的、视觉幻影的依赖是一种精致的美，足以让任何欧洲或者美国博物馆管理者气馁。例如：一个以莫奈睡莲为原型的长的浅水池的巨大复制品，在清清水面的折射中画面微微发光，这是所有艺术家追求的。这种生命般大小的复制品的意义，如同莱昂纳多·达芬奇的名作《最后的晚餐》一样，通过一种宁静的花园环境，在入口处得到了升华。

美术花园展示了一种激发游客的惊人的完美主义，因为通过花园风景和艺术作品的融合人们并未失去任何东西。对于安藤忠雄而言，这个花园代表着许多久存理想的圆满实现，而这是建立在对风景和元素的物质性完全吸收的基础上。

参观者从Kitayama路进入花园，马上会得出一个结论，这里既不是传统意义上的建筑，也不是纯粹意义上的花园，这里是二者的奇妙融合。对于场地的三层挖掘创造了一种令人印象深刻的地理和类型学特性，从而形成一种自己的、独立的印象，用安藤忠雄自己的话说："在地下建造了一个闭合空间，在三个水平面上，由三面墙、桥梁和斜坡组成的园路创造了丰富的空间多样性，通过瀑布和水渠，水被引入了园中"。[1] 安腾补充说他力图创造出一种体验：散步花园的一种现代容积的版本。

安藤忠雄以他对人造材料的极度敏感而闻名，人们可能期望他回归到他为宗教的净土宗派Komyo-ji设计的木材建造中佛教寺庙的光亮效果。就像他在Komyo-ji那里设计过的一样，单纯的宗教的设计，但是这种假设低估了他把混凝土作为一种建筑材料的能力。

游客一旦进入美术花园，在路线的两侧都会遇到水池，一旦往前行走，小路就会沿着一条非常细的混凝土便道，这时游客的注意力会被安藤忠雄利用的莫奈的睡莲所吸引，抛弃了那些固有的对于美术的定义，他们开始像孩子一样观察。

通过运用陶器复制品，安藤忠雄摆脱了气候和天气的约束，并且在室内和室外空间形成了一种沟通。极好的摄影技术重新创造了历史的和更现代的印象，然后转变成一种陶瓷面，最后再经受工业烘烤，这样，颜色就会永不褪去，并且声音也不会消失。抄录画有优美图案的盘子的过程是在一个陶瓷板上进行的（它本身是煅烧的化学过程），这样就会极度精确。许多盘子合在一起形成画面的全部。例如：《最后的晚餐》由110个盘子组成，每一个是0.6厘米*3米，为了观察它，人们必须站到一个隆起上俯瞰瀑布的风景，理解安藤忠雄为何将艺术作品放置于给定的三维连续统一体中，不管是宗教还是在现实的环境中，是非常重要的。这在其作品中有广泛代表性，室内和室外环境看起来似乎是无缝的，例如：他用水元素界定自己的空间。

尽管在景观序列中他总是保持着充满惊异的视觉效果，但从来不故意迷惑游客，因此，清水混凝土总是当作与游客运动平行的墙体来用，通过瀑布装置表示直角，然而水阶梯则是完全不同的布置；它似乎是在瀑布平台下水面向前流去，忽高忽低，与空间的概念相协调，在另一个世界的日常生活中，人们的感官意识关联起来：视觉、听觉、嗅觉、触觉。安藤忠雄建立了花园园林的永恒存在，充满意味的历史，作为一种类型，但却是一种全新的模式。

1. 项目描述，安藤忠雄，1994年。

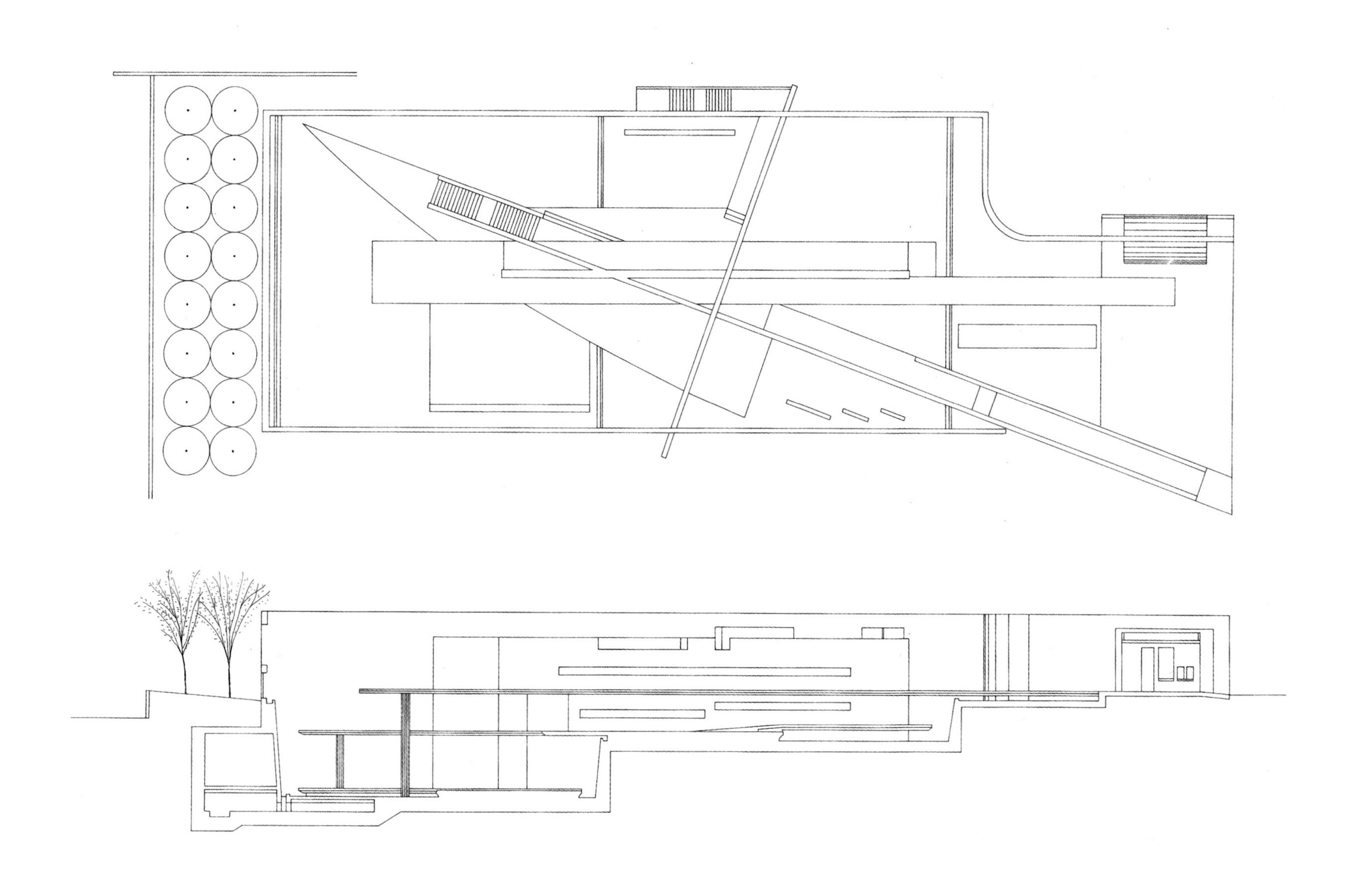

对页上图：北山路的主要轴向步行道

对页下图：与重新创作的杰作的关系：提供了观看作品的宽阔画廊空间

左图：观看作品时的返程

犹太人博物馆
Jewish Museum

德国柏林，1997 ~ 2001 年
Berlin，Germany，1997–2001
里伯斯金工作室与 Lützow7
Studio Libeskind with Lützow7

对页图：博物馆内部重建的游乐区。注意硬质景观铺路的处理

在丹尼尔·里伯斯金设计的柏林犹太人博物馆外的环境设计中，科尼利亚·穆勒（Cornelia Müller）和扬·瓦伯格（Jan Wahrberg）两位设计师起了关键作用。他们的设计哲学集中在特性的发现上，这和特殊的建筑方案相关。在设计中，他们拒绝参考自己的作品，避免了自己设计的老套路，这种自我影响的设计方法让他们特别适合与里伯斯金合作，因为后者的设计手法是马上可以辨认的。

在与里伯斯金合作之前，他们已经揭示了他们作品中的参与性与生态性，为了标新立异，他们自称为 Lützow7，并且发明了一种叙事模式的概念，与电影中的“故事板”是相等的。他们已经在奥斯纳布吕克市的 Felix Nussbaum 博物馆中合作过，并且形成了独特的合作方法。这种先前合作为他们的更复杂的柏林项目建立了良好的基础。

设计师基于柏林了解到了城市的文化及其让人觉得痴迷的元素，这帮助他们在城市之谷中规划一个新的、叙事性的、更深程度的合作模式。由联邦法院的阿克塞尔·舒尔特（Axel Schulte）任命的柏林的一个先前项目要求更为传统和基础的形式。同样位于柏林的为联邦劳工和社会事务部所做的项目，遵循了同样的法令。在奥斯纳布吕克，里伯斯金设计要求景观能够兼顾现存的别墅和新建筑三角形布局空间，这同样也需要将在场地中发现的一个古桥的雕塑结合起来，尽管在形式上很简单，这个项目可以说是预示了犹太人博物馆更深的复杂性。

一个现存的巴洛克宫殿和犹太人博物馆相连，后面还有一个现代的花园，穆勒和瓦伯格外部环境的设计与里伯斯金建立的犹太人博物馆的风格得到了呼应和完全的体现。风景园林师保证在室内和室外没有任何的视觉或者是视线的断裂发生。博物馆本身证实了其通过（文化）冲突而创建，从附近高层的住宅街区看来，它更像是一种暗示，在开放的场地上剧烈地影响着。如果忽略街道线，以及传统的城市规划的原则，它将完全失去了建筑轮廓线，而是一直穿过道路，这是完全可行的，正如在霍夫曼花园向博物馆倾斜而形成的不自然的斜面。

在犹太人塑造场地的概念中，“契约、文字和事情”是明确且不可改变的。倾斜的、形式化的混凝土柱在霍夫曼花园的入口处放置，将博物馆的象征主义扩展，49 个圆柱中的每一个通过一个夹竹桃植物连成拱，它们都长得很好并且坚实，7×7 的圆柱块在博物馆展示出来，非常引人注目，好像它们反映了和土地的联系。

里伯斯金的哲学提供了穿越场地的叙事，并且这一切由 Lützow7 进行解释，通过语言符号的总结，他试图描述：线条本质上是由风景园林师演奏的乐谱。[2] 穆勒和瓦伯格巧妙地通过线形表达硬质和软质景观。由于里伯斯金的建筑“足迹”避免了这种直角的，甚至是矩形的产生（它以同样的方式拒绝了任何立面的概念），大量的锐角、凹角的空间产生了，这些都非常详细，以便与潜在的叙述相一致。方向的指导方针贯穿风景园林规划的表面，伴随着那些将来可能发生的活动。离建筑更远处插入了一批有黑树皮的假阿拉伯树胶，似乎代表了天堂的概念，在现存的文明花园中变成一个理想的概念。一条小溪沿树林蜿蜒而行，一种蛇所代表的神秘油然而生。

Paul Celan 庭园是另一个区域，特殊而明显，适应了由建筑形成的第二个凹角空间，一幅 Gisele Lestrange Celann 的作品被以庭园铺装的方式记录下来，场地中完全涵盖了分段线形的形式。

当他们开始以风景园林的形式介入建筑之中时，Lützow7 承担了主要的责任。他们在此的角色本质上是有创造力的调和，建筑本身对这块经过第二次世界大战轰炸后废弃的场地产生了巨大的影响。自然的、生态的生长已经从过去的废墟中以实际的方式保留下来。以上描述的两个关键花园的片段通过铺装体系的“断层线”联系起来，其他地方也是如此，一朵耶路撒冷玫瑰为将来也为过去而绽放。

犹太人博物馆的风景园林项目明确地证实了建筑和风景园林的混合，在完全的城市背景之下达成了一个建筑和周边环境的完全的调和。

2. Donald L Bates，“A Conversation between the lines with Daniel Libeskind”，*El Croquis*，80，Barcelona，1996,p.6.

右图：建筑、树木和草坪布局的设计相关性

右下图：精心种植的树木花园的街景

对页上图：埃塔霍夫曼花园，每一列的山顶上都种植了夹竹桃

对页左下图：锌层和天然落叶树的粘合性

对页右下图：埃塔霍夫曼花园、其他种植区和博物馆高地的景观协调

诺华制药 KK 花园
Garden for Novartis Pharma KK

日本茨城县，1993 年
Ibaraki，Japan，1993

三谷彻
Toru Mitani

在为诺华化学总厂设计的可持续花园中，三谷彻（Toru Mitani）建立了建筑与园林的平等。几乎很少有风景园林师可以平衡这样巨大繁多的一组建筑。然而，三谷彻通过建立绝对的“内部”和“外部”空间，很快就重新解决了这种复杂的表面主导，即一个内庭和一个规则化的外部主导。这种外部依赖于规则的林荫大道和与之呼应的线形水元素的结合，而后者将巨大的停车场与之联系到一起，内庭的对角线贯穿了这个空间，此几何形态通过一个具有两种风格的圆形种植地回避外部。

三谷彻无疑是日本风景园林师新一代的领头人，他生于 1960 年，先是在东京大学建筑系教授课程，并在那里获得了博士学位，后于 1987 年去哈佛大学，跟随彼得 · 沃克（Peter · Walker）和玛莎 · 施瓦茨（Martha Schwartz）学习，转向风景园林领域，以此作为对后现代建筑的无尽象征主义的一种回应。

回到日本，三谷彻发现自己越来越关注日本乡村的精细纹理所展现出的土木工程项目，Mitani 说：“大地艺术不仅通过外形规范空间，从而使得土地表面变成明显的艺术”有一些难以忽略的因素，如排水的方式、土壤的组成以及土地的地下层结构，事实上，正是这些因素决定了场地表面的空间质量。[3]

1993 年，三谷彻的第一个大项目是为诺华制药完成的设计作品，这个项目为他以后的作品开创了一种模式。随之而来的是一系列项目，包括 1997 年的 Kaze-no-Oka Crematorium 公园。正如三谷彻所说，这一设计通过简单的、规则的布局，力图发现修复和土地自身的紧密联系。

三谷彻发明了一种以科技为手段的现代园林，作为对后现代主义的全面抗衡。用他自己的话说：“对于这样的设计态度，我看不到任何希望，所以我决定从东京逃向美国，逃离无休止的框架、无尽的词汇形式和象征的堆砌”。[4] 在美国参观内华达州迈克尔 · 黑泽尔（Michael Heizer）的作品 Double Negative 时，三谷彻被深深地震撼了。他既为其成熟技术所打动，同时也为方案场所意识的统一感所折服。

通常，三谷彻表达对真正“功能性”景观架构的偏见，并接受技术促进的操作规模的扩大。他的主要成就之一是通过纯白元素的运用强调规则的定义，这使得潜在的含义变得容易解读。当然，三谷彻的作品和他的老师彼得 · 沃克的作品之间还是存在一定联系的。

在任何可行的情况下，三谷彻采用技术获取景观和花园历史中的古老传统。对他而言，这是一种灵感和精神的来源。他也试图减轻规则的束缚，减少混乱的发生，将现代空间的先例作为一种组合工具，以便发展那种受到技术进步促进而非抑制的风景园林。三谷彻的作品对于空间显示出一种特殊的敏感性，还包括对应点的体系，以及对于巨大的现代建筑压倒性存在的潜在调和。他相信，风景园林的角色可以通过“静止和简化”得到提升，而且任何项目的“静止和简化”也可以同时保持静止和清晰。

回到 1993 年，三谷彻和 On site 工作室一起，在东京为 YKKR+D 的屋顶花园项目建立了一种完美的艺术，把风景园林设计和装置艺术完美地凝聚结合到一起。客户要求在总裁办公室的外面放置钢的雕塑，三谷彻巧妙避免了插入一个单一的物体，因为这会创造一个单一的视觉焦点，相反，他完美制造出一个由 44 条“风鱼”制成的合体——一个动感的风向标。只要场地里有风经过，鱼的造型就开始有洞，给办公室带来了自然的气息。这个方案明显证明了一个风景园林师对于装置艺术的把握，尽管几乎没有人能真正掌握其真谛。三谷彻给风景园林带来了新的视角，并且重新证明了风景园林师的重要作用。

3. 引自：David N Buck，*Responding to Chaos：Tradition，Technology，Society and Order in Japanese Design*，London：Spon Press，2000，P.57.
4. 同上，P.56.

上图与下图：植树既可以天然种植，也可以遵循严格的几何学，种在场地纵向道路上

上图：诺华制药综合体概述，展示内部庭院和外部景观方案

下图与对页图：正规化的内外花园区域的种植细节：树木种植、圆形草坪、外草坪、长轴沟渠和正式内部草坪

园林景观
Garden
Landscapes

北田花园城
Kitagata Garden City

日本吉富，2000 年
Gifu，Japan，2000
玛莎·施瓦茨
Martha Schwartz

对页上图：其中的一个盒子里被建造了东方花园的四季，孩子们利用四合院式的空间玩耍

对页下图：随着迪勒 + 斯科菲迪奥的建筑在中央脊柱的北边形成一堵墙，石头花园（左）和四季花园（右）形成了十几个独立景观区中的两个

田园城市紧随英国埃比尼泽霍华德的先锋运动，于 20 世纪在欧洲开始建立。但在日本并无这样的先例。部分原因是日本并不像欧洲那样，将社会住房当作一种可识别实体。尽管中等高度的、高密度的居住条件并未达到欧洲的某些公认标准，例如日光系数，但是相似性也仅限于此。北田的岐阜辖区（名古屋附近）已经采取了一些措施弥补这种缺陷：即面向未来建造一种模式。对于欧洲当地政府和其他私人发展商而言，这种创新可以作为一个先例。建筑师矶崎新着手于概念原型，而这一概念也得到了县长的支持。或许因为县长本人也是一位受过训练的工程师，在建筑的社会属性方面有着特殊的兴趣，而这种属性是以这样一种原始方式构想出来的。首先，他们邀请了四个建筑师提出设计，每人负责一个独立街区，所有建筑师都是女性，建筑师包括美国的伊丽莎白 · 迪勒（Elizabeth Diller）、英国的克里斯坦 · 豪利（Christine Hawley）、日本的高桥（Akiko Takahashi）和妹岛和世。并邀请风景园林师玛莎 · 施瓦茨（Martha Schwartz）负责所有四个街区的室外环境设计，换句话说，花园设计将会统一整个方案。

另外一个不平常但却巧妙的设计是：四个建筑师都没有分配到场地，每一个人都是在与指定场地无直接联系的情况下准备一个高度细致的设计。这个情况或许已经产出了一些零零碎碎的结果，但是如果没有风景园林师这个统一的角色，情况就会很混乱。人们希望设计之间存在一致性，因为它们都将达到建筑师所要求的高标准。这个想法产生了一系列可代替的解决方法和独立文化的融合，这是爱德华的先锋英国方案没有达成的，而在 20 世纪 60 年代，简 · 雅各布斯渐渐意识到这种想法对于城市生活来讲是最重要的。[7]

玛莎的角色通过整个外部区域的景观化手段形成一个有创意的象征。与前面有所不同的是，一个具有决定性的设计责任落在风景园林师的肩上。

玛莎的景观必须建立在四位建筑师的公寓街区设计基础上，例如，伊丽莎白 · 迪勒基于一个已经得到很好证明的先例——纽约市的阁楼，布置了一个灵活的室内平面。该平面位于场地的东北面，向南旋转了一个角度，形成一条柔和的曲线，与高桥在东西轴向西转一个角度的街区形成对比。方案的南面，克里斯坦 · 豪利设法打断直线的轴线，使得她的双拼单元面向东南或是西南。妹岛和世负责场地的西南剖面，并创造了一个日式的长廊。这个过道经过一系列线形布置的房间。通过建立这种“肘”，她达到了一种围合感，使街区形成一个室内和室外的空间。

在遵循最后场地分配的基础上，豪利和妹岛和世的技巧给予玛莎本人极大的自由，形成园林区域的多样性，场地的外边界种有不同高度的乔木。

玛莎在东西轴向上建立了一个强化中心的脊柱，轴向上，四个建筑师的布局产生了一个楔形的中空区域，它难以识别而且很宽。从本质上说，玛莎将这个空间转化成相互联系的花园空间，她创造了一系列小的、人性的场所，像一条线上的玻璃珠。例如：在高桥线形街区附近，有一长条池塘称为鸢尾池，岩石和喷泉界定的游乐场区域有一个岩石园。在布局的东边有一个竹园，四种特殊的封闭空间称为四季园，通过小溪和标志季节变化的树而变得活跃起来。有一个跳舞层，向西捕捉夕阳，还有一个运动庭院靠近细沟，这些特征使中

心的轴线更加活跃。

考虑到地下的停车设施，玛莎提高中心的长脊柱创造了一个“台”。这个公寓街区有各种各样的人口，因此，个人或者团体将中心平台用于不同的活动。它比实际的地平线高出 2.5 米，如果不在地平面居住，这还是说得通的。

12 个不同的花园提供了一系列独特而灵活的空间，它们充当着入口、通道，或者仅供简单地站立、凝望，或者是停留的空间，在四位建筑师的家园——日本、英国或者是美国，并无这样的设计先例。

北田花园城是一个令人瞩目的项目，它证明了风景园林设计的特殊合力。玛莎展现出硬质和软质的风景园林如何与水元素相结合，从而为一个全新的社区带来统一感。

5. Jane Jacobs，*The Death and Life of Great American Cities*，New York；Random House，1961. 这部重要著作使规划师和建筑师更加关注城市发展。

左图：虹膜运河

右图：柳树园，虹膜运河

下图：景观隆起地段西端图

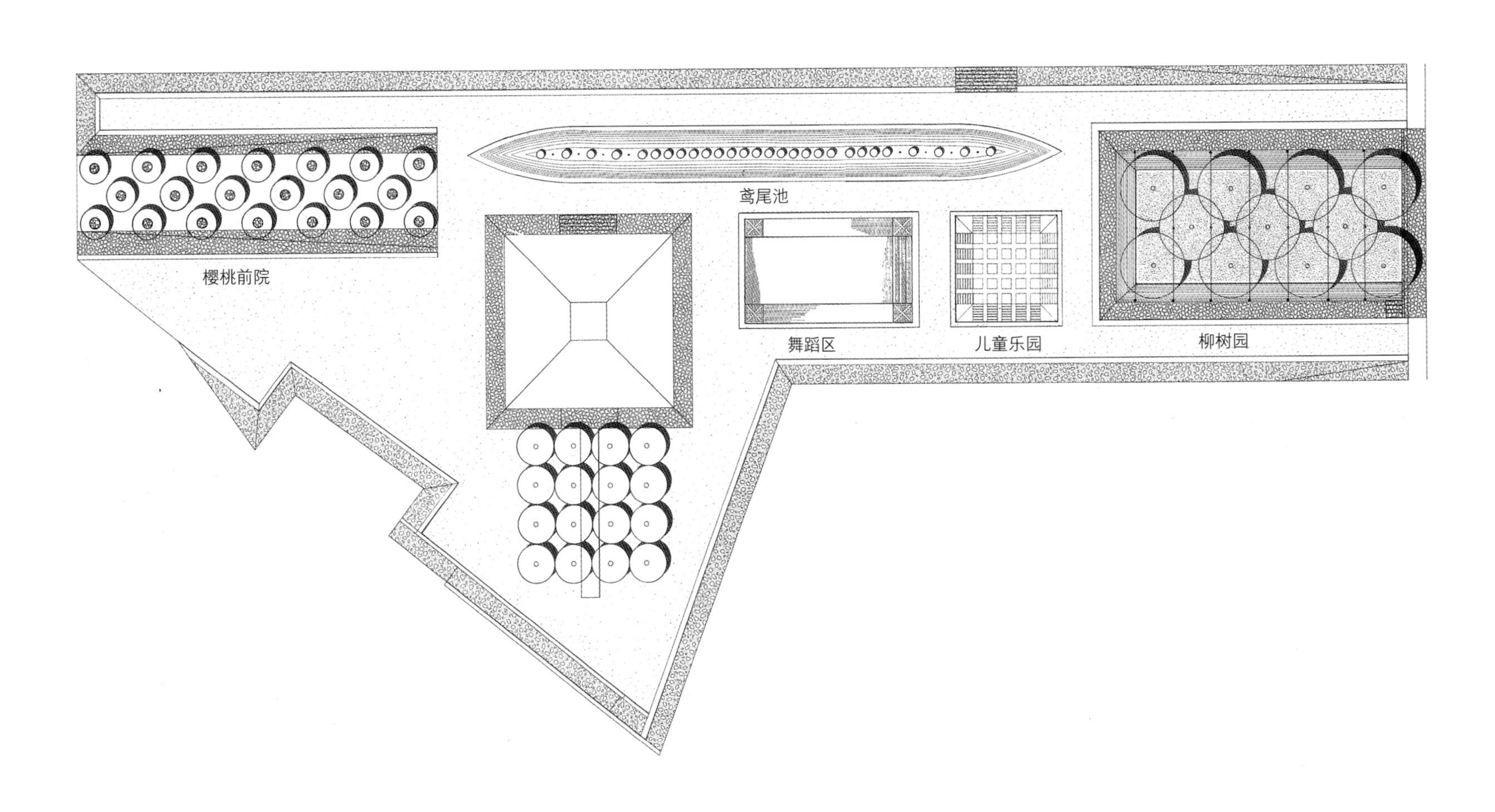

左图：石园

右图：四季园

下图：景观隆起地段东端图

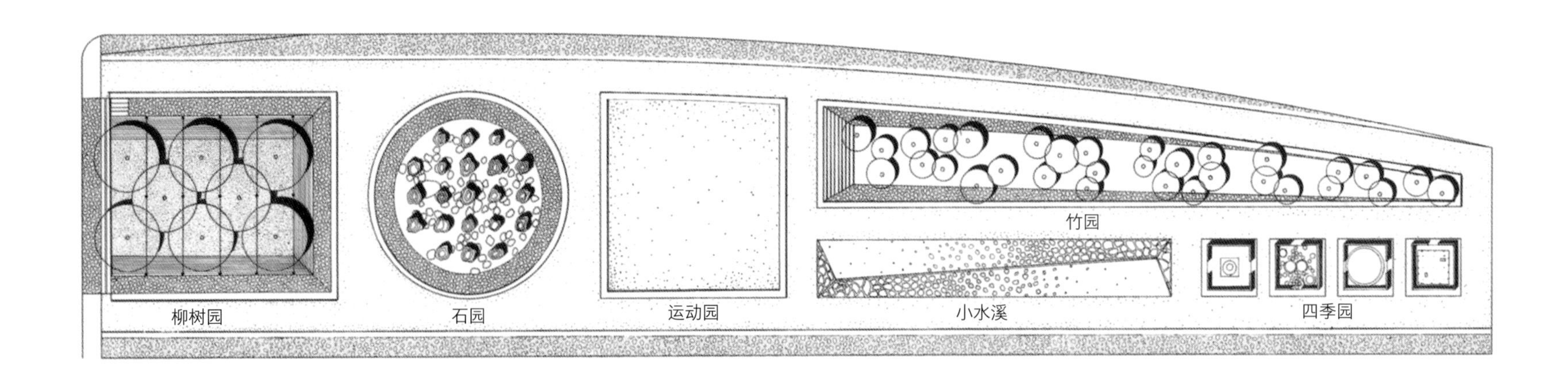

园林景观
Garden
Landscapes

波尼奥与斯波伦堡
Borneo Sporenburg

荷兰阿姆斯特丹，1998～2001年
Amsterdam，Netherlands，1998-2001

西8
West 8

对页上图：重建前的集装箱港口

对页下图：为房屋重建后的港口

请注意中心右边的新行人天桥

该项目最不同寻常之处并非由设计总体规划的风景园林师——西 8 创造的，而是由阿姆斯特丹市议会产生的。或许这是第一次一个风景园林公司赢得了一个城市设计的竞赛，他们不但获得了项目任务书，而且还有当地政府的绝对信任。

竞赛包括阿姆斯特丹商业码头东面的波尼奥（Borneo）和斯波伦堡（Sporenburg）半岛，这片区域已经有一个住房需求的任务书主题，即 2500 个住宅单元将以低层建筑、每公顷大概 100 个单元的密度建造起来。事实上超过 100 位建筑师参与到规划参数中来，每人创造一个居住原型。在最后的规划阶段，设计师们于多学科工作间内相互交流理念，同时也有公众参与，最后大家设计了五种重要且不同的住房类型。

像 OMA 和 Claus en Kaan 这样的建筑师都受到邀请，各自创造一个引人注目的具有戏剧化“雕塑感”的街区，De Architekten Cie-Frits can Dongen 也被要求创造一个瞩目的“鲸”公寓街区。然而，项目真正的诗意和核心在于这种方式，即个体房屋类型通过私人、公共空间编织到一起。这个波尼奥区同样要求一条由 De Architektengroep 设计的绿带，同时由恩瑞克 · 米拉尔斯（Enric Miralles）设计的另外一个建筑——一个曲线形的人行桥把另外两个桥联系到一起，加强由建筑街区本身所创造的效果。这些精心设计的建筑物对底层住宅单元的同质性结构产生了影响，三个主要的街区都有自己的庭园。

西 8 在总规中为居住设置的参数是很严密的。在贮藏空间、区域码头和泊位等需要采用以土地为基础的正常规划方式来区分的地域，西 8 采取了一种可替代的方法，而不是直接将现存的港口模糊化。作为风景园林师，他们采用了一种不同的但是相关的策略，即坚持加强现存物，因此他们保留了已经建成的码头对面特殊的垂直土地或水面，提供扩展码头和岸的维度，将它和多功能的海岸结合到一起。

戈泽及时提醒大家，庭园园林也可以以水景园的形式存在，也应该作为空间定义和空间等级定义，而不是让建筑形式变为主导。人们会想到柯布西耶后期的威尼斯医院项目，它从本质上说是水空间和建筑空间相互作用的折中，潟湖中的水发出的闪烁的光照到了病人室的墙上，这里他意识到了由西 8 的阿利安 · 戈泽（Adriaan Geuze）所强化的空间的本质，即由水空间所限定的居住空间。

戈泽的头脑中并没有港口或者岛的历史画面，其在 19 世纪 50 年代的英格兰集中表现为水中的桅杆、甲板等人为的滨水建筑风格，它们曾经风靡了《建筑评论》的封面。与此形成对比的是，戈泽的灵感来自当代集装箱码头的几何形和大体量。他所聚焦的是在广阔平远的荷兰天空下的敏锐的对比，即宇宙的无限性和水的反射空间扩张的对比，从本质上来说，陆地的内部庭院强化了大多数的住宅。戈泽同样意识到对于新西兰的居民而言，自然主要是一种改造的、人造的围海造田的景观和生态环境。

这些低层的居住街区插入水边同质的方案中，被认为是具有“雕塑感”的街区。这些戏剧性的事件不像由斯特拉维斯基引入的那种具有蓄意的不和谐的元素的模式，而是一种重复的和谐，这种效果充满活力和创造性的丰富。

戈泽意识到，在人造的滨水风景园林中，水的反射、太阳角度、风速和变化的线索等元素因子可以同时作用以建立一个复杂而有活力的环境，此环境能体现滨水景观的真实性。在总体规划中，西 8 特意形成了双立面荷兰运河住宅的先例，结果形成了富有活力而名副其实的多样化街景立面体系。在实际尺度的操纵中，风景园林师的技巧通过对现有的

上图：连接住宅区的一座桥，它既有交叉点，也有到达点

对页图：水景的设计是为了给各个公寓供水

和新形成的空间宏观和微观尺度韵律感多样性的特殊理解，被最好地表达出来。波尼奥与斯波伦堡诠释了最小的中世纪“游乐园”（以庭园为缩影）。设计语汇进一步得到扩展，变得如此巨大，延伸到地平线本身，但是视线是人为创造的，其把人类带入可达的建成的滨水空间。西 8 成为语言大师，这种语言对风景园林本身而言是如此的基本。在 1997 年的 Schiphol 机场设计中，他们通过在跑道上的大片色彩明快的花卉种植消除这种无聊的扩张，代替传统的类似的规则和不规则的风景园林街道。他们用这种方式为疲惫的旅行者提供视觉镇静剂，而不是提供雄伟和无限性。

在波尼奥与斯波伦堡这里，西 8 赋予风景园林的特殊性以新含义。作为一名风景园林师，戈泽变成了新环境的“魔法师”，在码头和港区之间施展着未实现的魔术，为内部城市居住者的新栖息地赋予一种 21 世纪的诗意。戈泽和伯纳德 · 拉苏斯（Bernard Lassus）以及玛莎 · 施瓦茨将景观建筑提升到主矩阵或计划的领域，创造性的大师可以将环境设计提升到同时期的重要艺术水平。与勒 · 诺特尔、杰里科、“万能”布朗、布尔马克思等前辈一样，今天的风景园林师只有在他自己所处年代的生活文化中工作才能真正实现自我。过去定义的花园风景园林的本质在 21 世纪发生了变化。

自动休息区
Autoroute Rest Area

法国尼姆－凯萨尔格，1990 年
Nimes-Caissargues，France，1990
伯纳德·拉苏斯
Bernard Lassus

对页上图：景观总体规划，显示尼姆 A54 自行车道及其与种植野餐区的结合

对页下图：巡回赛马格尼，这是一个具有里程碑意义的象征，可以在自动驾驶的尼姆·凯萨尔格远处看到，并在夜间点亮

伯纳德·拉苏斯（Bernard Lassus）以一个画家的身份开始了他的职业生涯，并且在 20 世纪 60 年代的巴黎 Fernand leger 学校接受训练，这个背景对他后来成为一名风景园林师的发展有重要的影响。事实上，他认为艺术创作和风景园林设计是一个相同的活动，他对艺术界和风景园林界现存的界限深感遗憾，在他看来，这种程度代表了学生传统上必须承认的教育平衡的缺陷。然而，伯纳德·拉苏斯对于重设这种情况采取了很积极的措施。早在 1968 年，他就作为巴黎艺术学校建筑系的教授建立了基金。90 年代，当他在风景园林领域设立了一个进修学习的学位时，先前的理念完全产生了作用，并且通过这种理念，凡尔赛高等院校和建筑院校得以结合在一起。

伯纳德·拉苏斯在修订景观设计概念时建立的最原始的基本规则之一涉及减少“自然”的地位，而不是环境设计中的“人造”。通过这种方式，标准以相对术语定义，而不是要求绝对执行。尽管一开始这看起来或许对于自然环境是有潜在破坏性的，但事实上，它抛弃了无意义的禁令，并且扩大了风景园林师用现代语汇任意给定风景园林中可能延伸诗意的范围。他减弱了 20 世纪英雄现代主义的神秘感和其在场地上对于建筑的主导性。生态方法的重新加强是相当现代的价值，并且趋于颠覆类的风景园林价值。在 21 世纪这些适应成为一种必要的过程，对于那些提出的保护规划师、保护区专家和可持续性的坚定拥护者而言，这是传统智慧的继承。

尼姆－凯萨尔格（Nimes-Caissargues）项目（自动休闲区）位于极度繁忙的 54 号高速公路上，当 1989 年方案刚开始实施的时候，那里正准备更换现有的服务站。由于当时需要将风景园林视为最优先考虑的事项，而汽车旅行往往单调而充满危险，有些危险甚至是致命的，因此这些区域对于汽车旅行中缓解压力和提供慰藉是非常关键的。然而，直到最近的 20 世纪 90 年代，这一想法在欧洲或者美国还没有最终得到实现。对于伯纳德·拉苏斯而言尽管计划得到实现是主要目标，但他仍然可以看出当地在一定程度上对此表示理解，且这种理解充满价值，他认为，对于那些来这个城市参观的人而言，预先体验尼姆城市是十分有用的。依赖幻想将使那些不成熟的设计成为最庸俗的设计，好在伯纳德·拉苏斯足够幸运，得以融入城市最真实的成分。

伯纳德·拉苏斯可以带给尼姆市的场地新古典主义剧院的立面，以便为诺曼·福斯特设计的艺术中心留出足够的空间。剧院本身是尼姆市建筑群的一个组成部分，现在可以用这个主要的片段向旅行者传达尼姆市的本质。伯纳德·拉苏斯还创造了一对可辨识的“望楼”，它们被更高地面上的场地分开，这些是以古罗马的形式出现的。“The Tour Magne 塔”是由金属制成的轮廓线的塔，夜晚有灯光将其点亮，通过解释和理由，在金属外壳内展示原件的模型。人们通过螺旋楼梯到达，可以从这个位置看到尼姆本身遥远的轮廓。

休闲区域以一定角度坐落，像一条绿带延伸在高速路的上方，边界是对称的道路，道路沿途 700 米都种满了乔木。伯纳德·拉苏斯要求道路上种朴树或荨麻树，鉴于其已拥有独立的普罗旺斯橄榄树和柏树群。主道的树下可以停车，这是一个极度受欢迎的设施，满足了人们遮阴的基本需要，同时也鼓励家庭聚餐。除此之外，作为一名风景园林师，伯纳德·拉苏斯将代表人民，了解他们的本能和爱好，并且尽可能使这些自然和社会的愿望需求得以实现。种植这些树是会长期受益的，并且在环境和维护中是可持续的一种手段，尽管它需要花费时间。

伯纳德·拉苏斯发展了风景园林中“休闲区域”的概念，将其用在尼姆之后的阶段中各具当地特色的解决办法中。A83 高速路和 A837 高速路中的设计方案和当地文化密切结合。前者运用了木结构，后者则运用了金属结构。伯纳德·拉苏斯一直致力于加强或是选择特定的现存风景园林的特征，这样的研究还会继续。景观设计师在高速公路方面有一个重要的任务——景观增强和必要休息区域的设立。正是在这里，风景园林师的诗意性得到了体现，并为人们提供了心理平衡和回应。伯纳德·拉苏斯已经成为一个先锋人物，他的梦想开始为社会的利益而硕果累累。

鉴别伯纳德·拉苏斯的其他风景园林项目其实很容易，展现了他在景观设计中为理论话语赋予新含义的内在能力。然而这些和法国交通网体系相联系的项目反映出：仅仅这样一个风景园林理念该如何适应一个新的时代。伯纳德·拉苏斯又一次给风景园林带来了诗意般的灵感。

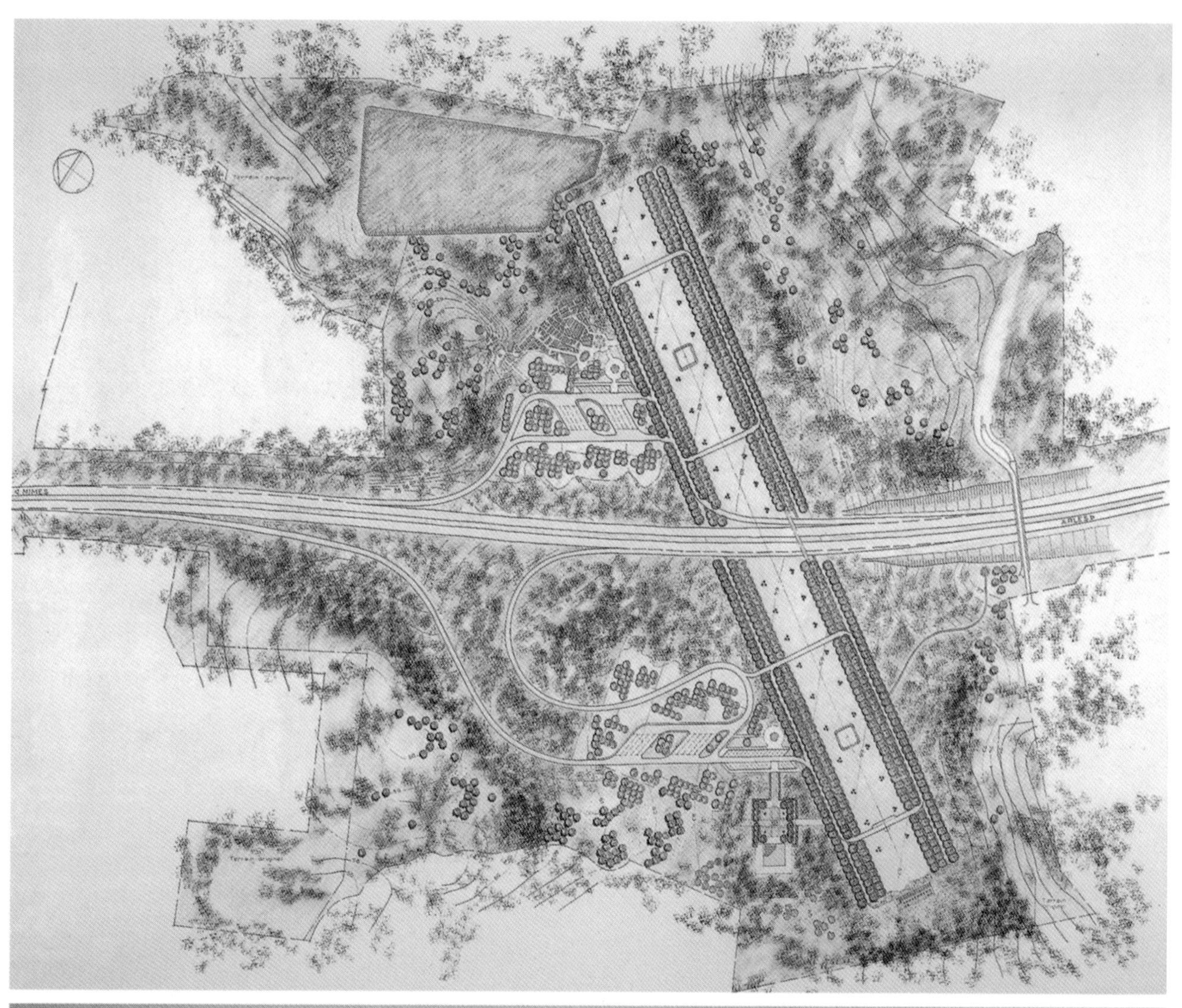

上图：尼姆剧院柱廊倒映在水池中

下图：700 米长的野餐区

对页上图：尼姆剧院重新竖立了新古典主义剧院立面，标志着这座城市的建立

对页下图：当代艺术馆

THEATRE

介入城市肌理的景观

在复杂的城市中，间隙空间的想法似乎从来没有比现在更受重视——城市不断扩大。人类作为城市生活的赞助商，活动范围也越来越大。城市由流通网络组成，包含了我们的纪念碑，我们对宗教的敬仰，将这些与商业活动区、摊位、迪斯科舞厅相连，并用自助餐厅和餐馆的户外桌椅进行装饰。被设计用来将每个社区与另一个社区连接起来的行人飞地也必须在整体上拒绝车辆通行。

像威尼斯这样的原始模型，因其极好的层次结构而成为一个小广场，乔治敦（华盛顿特区）或切尔西（伦敦）为现代建筑提供了一些灵感，但很难效仿。景观设计师越来越多地参与到调解历史记忆中，包含零碎的飞地、关闭的出口、楼梯和通道、邂逅的地方和城市家具、刚开始使用的喷泉、雕塑或游乐场。曼哈顿东五十三街的佩利公园以其门楼、桌椅和保安向美国展示了巴勒莫的克兰班德酒店。具有典型欧洲特色的西西里岛上有晾衣绳、檐篷和水果摊，而与其相反的佩利公园就显得如此美国化。这样的地方就像建筑纪念碑那样，形成了大城市的标志。

在处理城市干预活动的问题时，很有必要提到在过去半个世纪由两位截然不同的理论家提出的修正主义思想的例子：其中一位是戈登·卡伦，另一位是科林·罗。两位理论家均通过重大干预试图改变城市发展的方式，最后开放了话语，影响了实践，其各自选择重铸的领域在功能性和涉猎不深中停滞不前。[1]

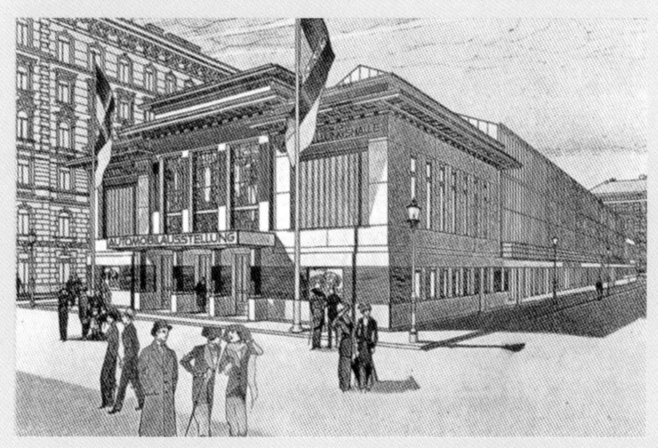

上图：勒·柯布西耶。La Ville Verte Otto Wagner，Zedlitzhalle，维也纳（第二设计，1933 年）。

下图：艺术和工艺品展厅设计干预的中心位置以两个相同的入口为主

与概念相关的事故

当不同的城市网格碰撞时，这种空隙也会存在：这些是左边缘空间，为人类尺度上身份的创造提供了特殊的机会。

科林·罗及时大规模去除了“对英国村庄、意大利山城和北非卡斯巴的崇拜，最重要的是，意大利发生了愉快的事情，拥有匿名建筑”。[2]20 世纪 60 年代，关键问题在于，由卡伦传播的这种城市景观的理想是否可以通过“附属于立体主义和后立体主义传统”而逐渐缓和。目前看来，城市景观见证了一个关于“事故”非常有趣的理论。说罗敏感也好，激进也好，他表示，这种模式肯定是塞利奥的流行和漫画场景，而不是乌托邦一直采用的贵族和悲剧场景。然而在实践中，城市景观似乎缺乏对其致力于打造的“事故”的理想化指称。因此，它倾向于在没有计划的情况下提供感觉，吸引眼球而非头脑，并且在有益地赞助感知世界的同时，使众多概念贬值。

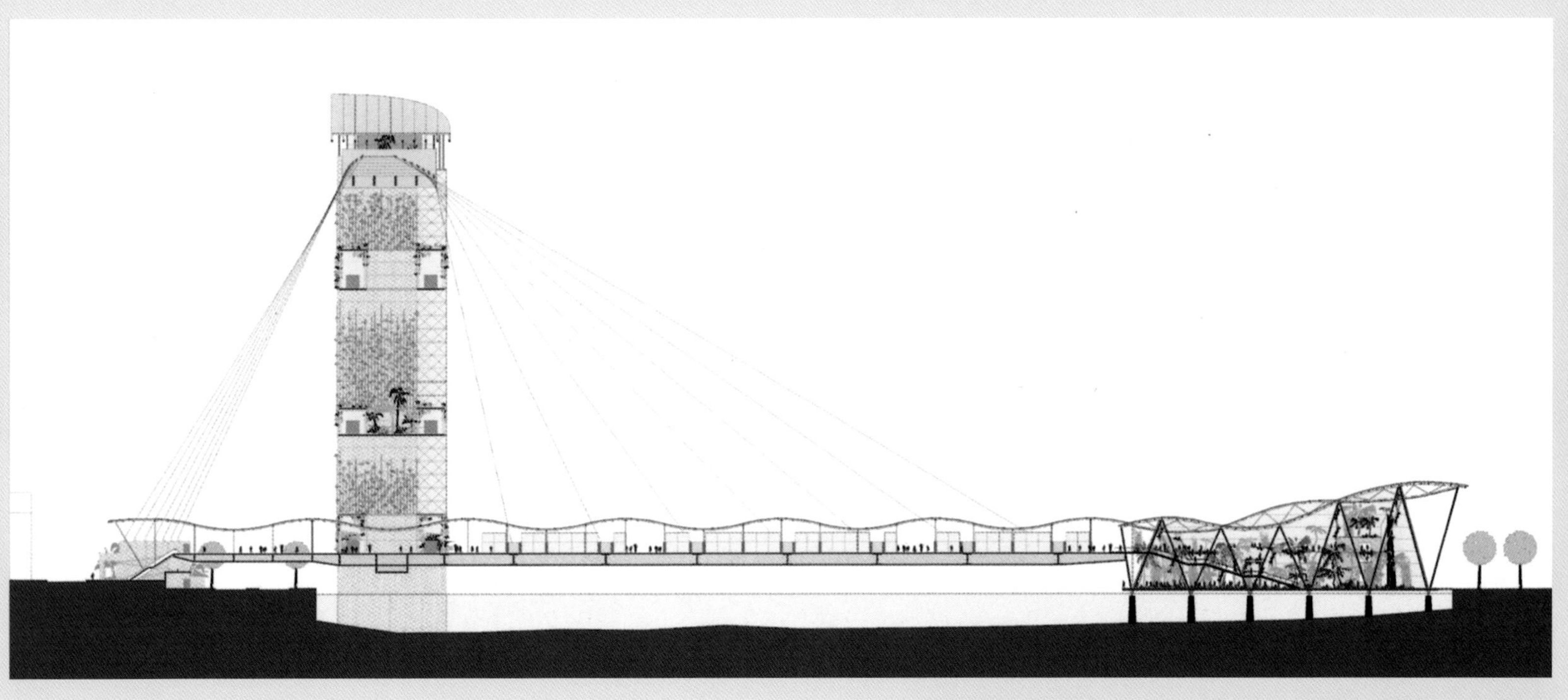

上图：龚巴克，花园桥的纵剖面，泰晤士河交叉处的竞赛入口，于9月（1986年）在伦敦皇家艺术学院的“生活桥”展出

下图：罗伯特·史密森，研究浮岛到曼哈顿岛旅行（1970年），铅笔在纸上。一个精彩的视觉隐喻，包含了“绿化城市”的问题

科林·罗阐述道，一个城市的花园是一种评价这个城市的方式。在这个理论中，他对凡尔赛宫的规律性和蒂沃丽花园哈德良别墅的无序好奇进行了有趣的比较。在过去 10 年关于花园的辩论中，新一代建筑师已经参与进来，这显然使其陷入僵局。新的贡献者认识到软硬景观在促进城市干预的新的感性和纯粹概念性基础方面的主要作用。

这种城市干预措施的选择包括 Juhani Pallasmaa 在高度活跃的城市中心步行路线上小规模但高度充电的过渡节点，即一个供行人暂时在流动中停留的地方；以及 Ninebark 对纪念性建筑和本地建筑的优雅和动人的当代解释。米可杨·金已经在莫兰学校游乐场中展示城市如何提供惊喜、隐私和中转，以及如何增强团体活动。

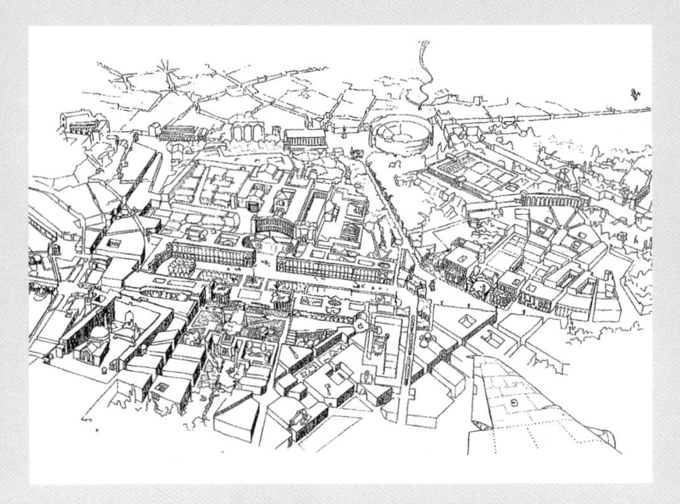

科林·罗，Axonometric：彼得·卡尔、朱迪丝·迪迈奥、史蒂文·彼得森和科林·罗。马西莫竞技场，帕拉蒂尼山，Celio 和罗马斗兽场（1978 年），来自“被打断的罗马”，由 Jennifer Franchina（罗马）于 1979 年编辑。团队巧妙地阐述了罗所描述的“最古老的罗马碎片”中的各种景观元素，提供一个松散的组织模板，反对城市的分散性

形式

20 世纪城市的充实永远缺失一种景观的元素。在 17 世纪的罗马，方尖石碑是从经典曲目中流传下来的一种编码间隙形式的标点符号。在波波洛港，与圣玛丽亚教堂相邻，教皇五世插入了这样一个符号，对于一个古老的喷水池来说，大大提升了其效果。这样的形式在一个城市中相互连接，这是不可避免的。在 20 世纪后期，人们预计，到了当代，它将会演变成日益盛行的城市雕塑，无论是具象还是抽象。

对现有资源的认可是在城市工作的景观设计师的基本必需品。法国城市设计师安东尼·格鲁巴赫认识到“植物考古学”的概念，这几乎是独一无二的。这个想法是在他参加 1978 年“被打断的罗马”那场著名的比赛时想到的。[3] 他将这种现象描述为“一种寄生植被，伴随着公共场所和私人领域，揭示了一个连续的植物形成的存在，存在众多解决方案”。格鲁姆巴赫继续说道，“这种植被没有记录下来，也从未归类，它的持续存在使得我们可以看到它，这是一个对城市结构的本质至关重要的文化对象……在古罗马，无论是 16 世纪还是现在，它所见证的是对于城市与自然的关系的永恒追溯”。

在他位于日内瓦边缘的 Parque 和 Lancy，Georges Descombes 虽然不那么重要，但也回归到植物考古学，调和了自然和人为的现实，使用了“在个体与本质之间建立联系的元素”。例如，一条主道通过复杂的过渡地点。从细微之处可以看出，Descombes 在这方面的理念显而易见起来：在路径将树根系统一分为二的情况下，根部仍然部分暴露，但没有断裂，

也没有被覆盖上。

场所精神的先驱

1971 年，城镇规划师戈登 · 卡伦抱怨自己被建筑师误解，因为他们毫无创意地依靠鹅卵石和护柱表示乡村建筑的特点，这是对他作品的模仿。卡伦在他当时的重要作品中真正传达的是物质性和质地在城市干预中的重要性。卡伦早期对威斯敏斯特的城市景观研究澄清了他思想的完整性和原创性。早在 1949 年，他就已经与设计师埃里克 · 德马尔合作，提出了一个泰晤士河线性公园的建议。他当时也独自试图探索树木对于建筑的作用，但他最后明确发现的是多大程度上步行城市需要经常通过展示众多空间结构的事件进行干预。卡伦所设想的“连续视觉”被认为适用于城市中的所有连续运动。他开发的一种可行的符号系统（1968 年）似乎在指示系统的建立上开辟了新天地。尽管作为一种分析工具很有价值，有助于干预过程的价值，但它的实施和测试并未得到实现。[4]

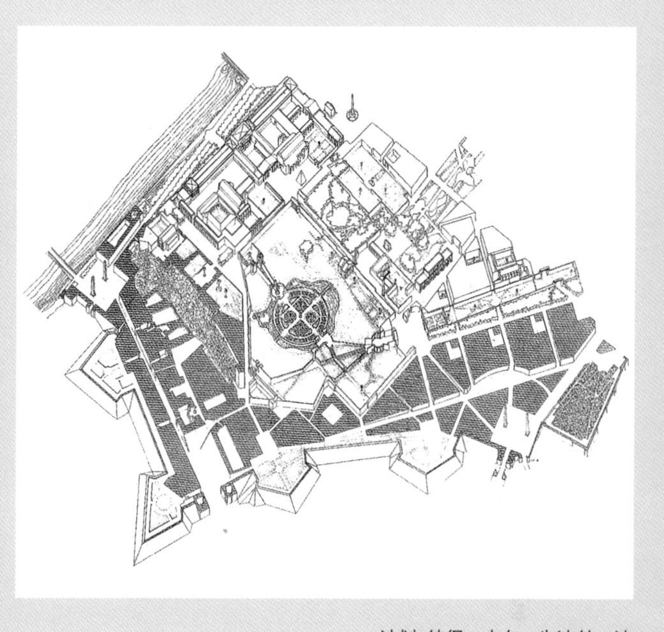

计划：彼得 · 卡尔、朱迪丝 · 迪迈奥、史蒂文 · 彼得森和科林 · 罗。Aventino 和帕多瓦植物园（1978 年），来自《被打断的罗马》（Rome Interotta），由 Jennifer Franchina（罗马）编辑，1979 年

与安托万 · 格鲁姆巴赫一样，科林 · 罗也在 1978 年参加了“被打断的罗马”那场比赛。和罗一起参加比赛的是一群很有斗志的学生。[5] 他们的参加在很大意义上提供了一个重要的景观干预，19 世纪晚期的一座并不著名的桥梁 Viadotto Margherita，将前阿尔巴尼别墅的花园与 Piazzale dell'Aventino 连接起来，因此成为一座不可或缺的建筑。在阿卡迪亚山谷的整体背景下，“被松树、夹竹桃和杜鹃花的框架密集地封闭”，对于罗来说，“也许是罗马所有对于水的庆祝中最诱人的，大的赛马场……”在罗的著作《拼贴城市》（Collage City 与 Fred Koeffer 合著）中，他强调了许多这样的关键干预的重要性。例如，“稳定器”空间就是一系列“神奇无用的点或肚脐”之一，尽管如此，它们基本上呈现出连贯的几何形状。“公共梯田的精彩”，有时控制风景，有时是水的特征，是干预措施的范例。罗也认为这是有用的“各种生产怀旧的工具”、“未来的科学”，同样也是“过去的浪漫”。罗在别的作品中称，“至于花园的潜力，它应该向规划者表达什么……人们还是很少关注这个问题”。[6]

重新定义城市空间的链接

传统上，桥梁通过超越纯粹的技术传达它们的重要性，当桥梁变成非车辆时，通常作为行人管道，戏剧和透视结果运行来自河流穿越，并且经常出人意料地透露出戏剧性的视角。龚巴克在泰晤士河竞赛中提出的“花园桥”的概念是花园元素与工程的灵感融合。[7]后来，诺曼·福斯特的千禧桥与奥雅纳共同执行并最终完善，开辟了圣保罗大教堂通向河流和泰特现代美术馆的道路。这样的先例始终存在：在20世纪最开始的10年中，奥托瓦格纳在维也纳创造了精细的砌体和钢结构的组合。泽尔桥和都柏林中央火车站的桥梁，在维也纳的核心区域通过这种干预创造了重要的新纪念碑。21世纪的威尔金森和艾尔的盖茨黑德千禧桥将该社区与横跨泰恩河的纽卡斯尔连接起来，用众多本就存在的历史交叉点改变了一条城市河流的两侧。

Giambattista Piranesi，“古代火星马戏团与邻近的纪念碑，能从阿皮亚古道上看到”，位于LeAntichit à Romane Ⅲ的正面（1756年）

如今，这种城市干预措施愈加试图补救过去的缺失。“植被”和种植也可以改变和催化路线，较小的空间和交叉点作为编码信号也是如此。像美国的罗和欧洲的卡伦这样的早期宣传者的修订需要几十年才能真正被同化，尽管一直在努力，但此时少数几个竞赛中，关于干预的新想法一直都未能出现。

规模和避难所

在较新的景观从业者中，总部位于爱丁堡的格罗斯·麦克斯团队负责审查每个项目的背景，以找出该地区的固有特征；因此，最初寻求隔离可追踪的特殊历史因素和杂项，以建立一个大大增强的实体。一小部分新一代的景观设计师正在以这种方式工作，全面却独特的建筑方法总是显得不足。在规模更大的范围内，悉尼奥运会（2000年）的举办地点霍姆布什的哈格里夫斯公园不得不“干预”这是一个规模庞大的体育场，其中绝大多数体育场将行人层面的人体尺度缩小了很多。悉尼建筑师事务所托金·祖莱卡·格里尔为城市街道设施创造了一种有效的设计，如灯光、签名和座位，这使得建筑物之间风大、难有景观的“草原”情况大有改观。此外，在关键点安装了水域特征以及花园和野生植物的组合，为一个严重危险的区域保持了自然生态。霍姆布什是跨学科合作的成功范例，但是就景观的控制范围来看，建筑师总是很关键。

城市干预领域对多学科团队的需求越来越大。土地艺术家、安装艺术家和各种各样的雕塑家都发挥着一定的作用。当所有不同的从业者从一开始就参与景观设计时，这样的创造性合作最有效，才不被称为延迟添加。

对现代景观的诠释是一项重要的活动，似乎是艺术家在纪录片摄影师的发展角色和地方精华的绘图中最好的锻炼。室外空间不能“重新发明”，因为它一直存在于我们的脑海中；然而，它肯定可以从重新解释中受益。这种转变也可以设想为重新定义城市性价值的干预措施，将风险的外观融入其他平淡无奇的城市环境中。可以很容易地看出，过去两代人的势头已经增长。这是由相对较少的思想家发起的。像凯文·林奇和简·雅各布斯这样的理论家提出了形成卡伦和格伦巴赫所表达的设计创新的城市背景的社会标准。科林·罗能够承认对景观的新兴趣；而且直到今天这样的创新推测才能得以实现，而不是受限制而沉没在竞争文件中，直至消失无踪。

注释：

1. 见戴维·戈斯林，戈登·卡伦：城市设计视觉，伦敦：学院版，1996年，第8页。卡伦有理由声称（如他在1971年的《简明城市景观》简介中）建筑师和规划师“完全误解了他们平庸使用鹅卵石和护柱”的信息。
2. Colin Rowe and Fred Koettler，*Collage City*，Cambridge，MA：MIT Press，1978，pp.36 and 88.
3. 被打断的罗马，罗马：国际艺术中心和伊迪齐奥尼工作室，1979年，第65～81页。格伦巴赫的自有方案（“建筑挑战”）包括“植被”和种植的转变。格伦巴赫在这里发展了“植物考古学的概念，寄生植物的形式，占据了私人和公共领域之间的界限”。
4. “Excursus”，*Collage City*，同上。引自pp.151–173.
5. 被打断的罗马（*Roma Interotta*），同上。引自pp.136–158.
6. 同上，p.175.
7. 参见“安东尼·格伦巴赫——花园桥”，参赛作品，彼得·默里和玛丽·安妮·史蒂文斯（编辑），《生活桥梁：居住的桥梁，过去、现在和将来》（*Living Bridges：The Inhabited Bridge，Past，Present and Future*），伦敦：普雷斯特尔有限公司，1996年，第140～143页。

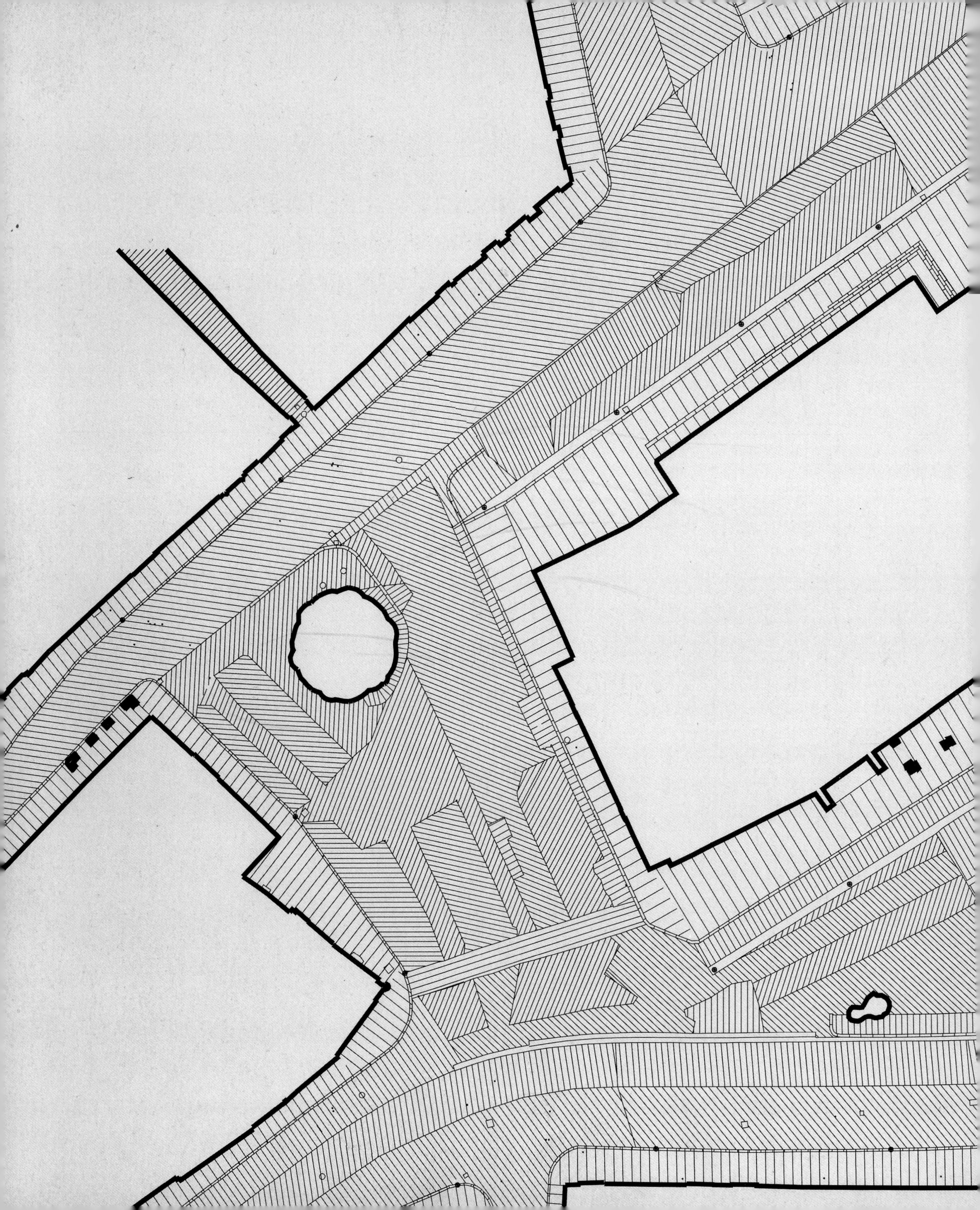

上广场
The Upper Square

捷克共和国奥洛穆克，2000 年
Olomouc，Czech Republic，2000

皮特・哈耶克、亚罗斯拉夫・赫拉塞克、扬・塞普卡
Petr Hajek，Jaroslav Hlasek，Jan Sepka

对页图：奥洛穆克历史核心重要历史遗迹背景下的广场概览

奥洛莫乌茨市位于捷克共和国内，穿过波兰边界，在从布拉格去 Krakow 市的古老路线中，这是一处便利的停顿点。这赋予了它本身的重要地位。事实上直到 1640 年，像德国人了解的那样，Olmutz 是 Moravia 省的省会。1573 年，一个主教辖区和一所大学成立了（接着成为一个理论机构），15 世纪的哥特式教堂和市政厅是悠久的文明遗产。出生于西班牙的弗朗茨 · 冯 · 迪特里希斯坦（Franz von Dietrichstein）是 17 世纪早期主教世俗持有者的典型代表。

中心广场被今天的建筑师描述成“一间客厅，中间有一半城镇，地板上有喷泉和修补过的地毯”。这从某种程度上表达了广场的历史构造中有些陈旧特征的存在。但是，实际上，这个杰出的广阔区域每天都将人更加带入一个三维空间的布局：它装饰华丽而亲切，代表了捷克共和国的伟大文明之一，正如 18 世纪在 Vyssi brod (Hohenfurth) 壮丽的修道院图书馆一样，其通过巨大的顶棚彩绘传达一种空间的上升意识，或者是布拉格的 Clementinue 大学图书馆的大厅（约 1722 年）。这种繁多的巨体化的房间在奥洛莫乌茨市的上广场依旧流行，相似的是，图书馆装饰华丽的顶部立面表达了个体与共体的和谐，在周围的建筑陪衬下，它在此表现得相当明显。

负责广场改造的设计师在此工作足够幸运，因为捷克斯洛伐克时期的紧缩和控制，这个巨大空间的商业侵入和侵蚀几乎不存在。1946 年，Olomouc 大学重新建立，并且城市之父们试图为这个行政、主教和拥有知识核心的城市恢复适当的庄严，如今，这个城市已经有 8 万人口。

广场上所谓的“修补过的地毯”显然是这一恢复过程中的一个关键优先考虑项；正是硬质景观而非周围的建筑是广场新精神的关键，因此“地毯”在一个平面上穿越了整个广场的平面，使得路牙和铺装得到保留，但是作为一个连续的整体是很平坦的。路面的原始组成包括精心布置的穿越的引导线，其在必要的时候得到小心的修补和维护。

黄铜带如同一条金色的丝带，为所有分散的铺装区域镶边，并且延续对方向和历史人流的强调；此外，还安装了当代工艺品，使现存空间的类型得以加强。各式铺装的拼贴艺术因此被有效地联系起来，而不是提供一种记忆的碎片。以各种方式联系着 17 世纪和 18 世纪主要建筑的两点透视得到加强。

照明形成了一种特殊的研究：设计师已经将街道照明的两个循环结合为整体来处理，并且在夜晚或是冬天的傍晚对上广场给予了特殊的强调，而这些是通过间接光，在整个广场表面提供了一种光线的叙事性的分布：第二个互补光圈的照明系统沿着市政厅布置，在喷泉、纪念物系统和圆拱廊之间轻柔地照耀着空间。分离的照明系统在空间中挑出关键的纪念物和物体，包括位于奥洛莫乌茨市中心的青铜浮雕。分开的上广场的概念提供了一个稳定的光强度，并没有与物体上方的引导性光照区域发生冲突。

照明也是另一个需要重视的方面。设计师表示，这使得广场作为客厅的形象完整起来；但其作用并不仅于此。不可否认，这些家具元素相结合，创造出一个内在的品质。不只是灯具，还有长椅、自行车架、垃圾桶等，这些都是工业设计的范例。城市小品的概念近乎完美，在所谓的真实平面——“地毯”上，通常被忽略的下水管等细节在这里得到精心铸造并安装到铺装里去。甚至那些无处不在的停车计时器和导游信息板也被纳入，并且完全没有使广场的历史感大打折扣。

在奥洛莫乌茨市，这种对细节设计的关注随处可见，这毋庸置疑模仿并超越了迪米特里 · 皮克奥尼斯（Dimitri Pikionis）的关注点以及更早出现在斯洛文尼亚共和国和布拉格的扬 · 普莱克尼克（Jan Plecnik）中的独创力。有趣的是，丹尼尔 · 里伯斯金和 Lutzow7 团队在柏林犹太人博物馆的空间（见第 146 页）中，以及事实上格罗斯 · 麦克斯（Gross Max）和朱哈尼 · 帕拉斯马（Juhani Pallasmaa）在赫尔辛基的自身城市干预中显示的，都是完美的硬质风景园林设计的传统行为，这一切并没有喧宾夺主，掩盖了历史的文脉。奥洛莫乌茨项目依旧是一个杰出的例子，为所有城市空间设计师提供了一种模式：城市干预作为空间的概念，为公众提供了私人空间的对应物，它是一个杰出的城市供给，而这在购物中心和消费领域是很容易被遗忘的。这里成功的关键源于精确的细节设计，这种结果是对现在的自身审视。

对页图：俯瞰上广场和巴洛克喷泉：这提供了整体的和谐感，对建筑师而言，周围的座椅、照明、窨井等当代元素在人行道和远景硬质景观中，占有举足轻重的地位

特别设计的街道设施实例

左上图：自行车架

右上图：窨井内嵌

左下图：保存的古迹

右下图：座椅和照明装置

阿列克桑德林卡图
Aleksanderinkatu

芬兰赫尔辛基，1993 年
Helsinki，Finland，1993

朱哈尼 · 帕拉斯马
Juhani Pallasmaa

对页图：新入口处有三个构筑物，春天的街道上到处都是行人和坐在凳子上悠然喝咖啡的人

城市空间从默默无闻中得到恢复是一个关键的工作，无论是对于城市设计师、建筑师或是风景园林师而言都是这样。阿列克桑德林卡图 15 在 1991 年竣工，它是赫尔辛基市中心再生的人行网络系统中最本质的部分。赫尔辛基市来自高层街区的狭管效应加剧了气候极端的恶劣，使得树叶、纸片、塑料购物袋和丢弃的食品罐在步行路上漫天飞舞，这样一来，一个被人遗忘的庭园在诸多方面都会变得危险起来，同时，城市中很小的空间如果经过精心设计的话，也可以在夏天为人们提供庇护，在冬天提供休闲。

朱哈尼·帕拉斯马（Juhani Pallasmaa）对于将这个项目变成一个小城市空间尤其好奇，正如他自己所说的那样：

我用自己的身体勇敢面对这个城市，我的腿测量连拱廊的长度和广场的宽度，我的目光无意识地将我的身体投射到了大教堂的门面上，它漫游在模型和轮廓上方。我在城市中体验自己，这个城市就通过我的体验而存在，城市和我的身体相互补充和定义。

帕拉斯马认为人体是体验世界的中心，他也让我们想起了电影中的城市：由许多有纪念意义的片段组成，通过真实城市中充满活力的碎片将我们包围。那些名画中的街道围绕着街角，经过画框的边缘进入你所看不见的复杂生活之中。[1] 帕拉斯马的空间有着这些画中全部难以理解的特征。风景园林是关于颜色、质地、比例、等级以及逐渐缩小的透视，尤其在周围建筑的这样一个框架中，例如在 De Chirico 的绘画中，通过色调中巨大的改变，偶然或开或闭的窗户的神秘感也并非总能得到解释。在阿列克桑德林卡图这里，帕拉斯马提供了公共场所的约会场地。

帕拉斯马不希望把小路和庭园变成一个围合的内部空间，他设计庭园的灵感来自后庭小路，这在南方的气候中很常见且非常值得纪念。拼贴也和允许空间穿透的不同材料和饰面的垂直柱一起，被用作组合聚合表面和平面的方法。看似无序的不同视觉和触觉事件人们走过时发生，并且能强烈地感受到，这为人们带来了一种片段感，与街道的纪念性形成对比。帕拉斯马对于颜色的选择是带有墨西哥城市和乡村暗示性的，这种变化简洁地适应了庭园的比例，也调节了自然光的作用，南墙被精心地还原为暖色调，然而北墙颜色更浅，在春夏更易吸收阳光变成冷色调。庭园建筑是蓝绿色，上面覆盖着网状的攀缘植物。两片曲线的红、黑色花岗石座椅以地平线高度嵌入，通过视觉联系上的铺装和入口建立的其他三个点达到一致。这个同心的铺装平面中心是一个白色的大理石圆盘，在这个活力空间意味着明确的中心。

庭园的结束是一个独立式极简主义雕塑柱子的三重奏，其通过三种不同的断面特殊化：第一个柱子是圆的木材质，第二个是三角形的并且由不锈钢制成，第三个是正方形的黑色花岗石。在帕拉斯马早期设计的 Rovaniemi 市艺术博物馆中（1986 年），他通过相似的极简主义手法强调入口的重要性。入口由 5 根高的花岗石柱组成，自由放置于室外，促进了由博物馆形成的复杂意向，抛弃了单一的想法。帕拉斯马相信拼贴艺术是说明这种真相的最合适的媒介，这在阿列克桑德林卡图尤为明显，这些柱子的功能无疑是心理层面的，它同时也标志着行人区以及机动车区这两个保留区的边界。帕拉斯马精心设计这种微妙的触觉上的形式和材料的联系，将行人的注意力从庭园上部的规整比例中分散出来，因为其上部是超出设计师的范围和控制的。笨重屋顶结构是一种视觉上的重量，以此形成这里的垂直性印象，并且同样干扰了上部延伸所造成的空间的压抑。在保护庭园远离冬季风雪疾风的同时，设计中的斜线将动感带到一个静止的空间中来。

KUUSINEN
KOFF 1 KOFF

左图：安装“井”和青铜喷口作为城市“片段”的初始草图概念

右图：俯瞰地面的凸窗的概念草图

下图：地面平面图显示了进入空间的三条步行路线，三条“方尖碑”（左下方）和同心路段

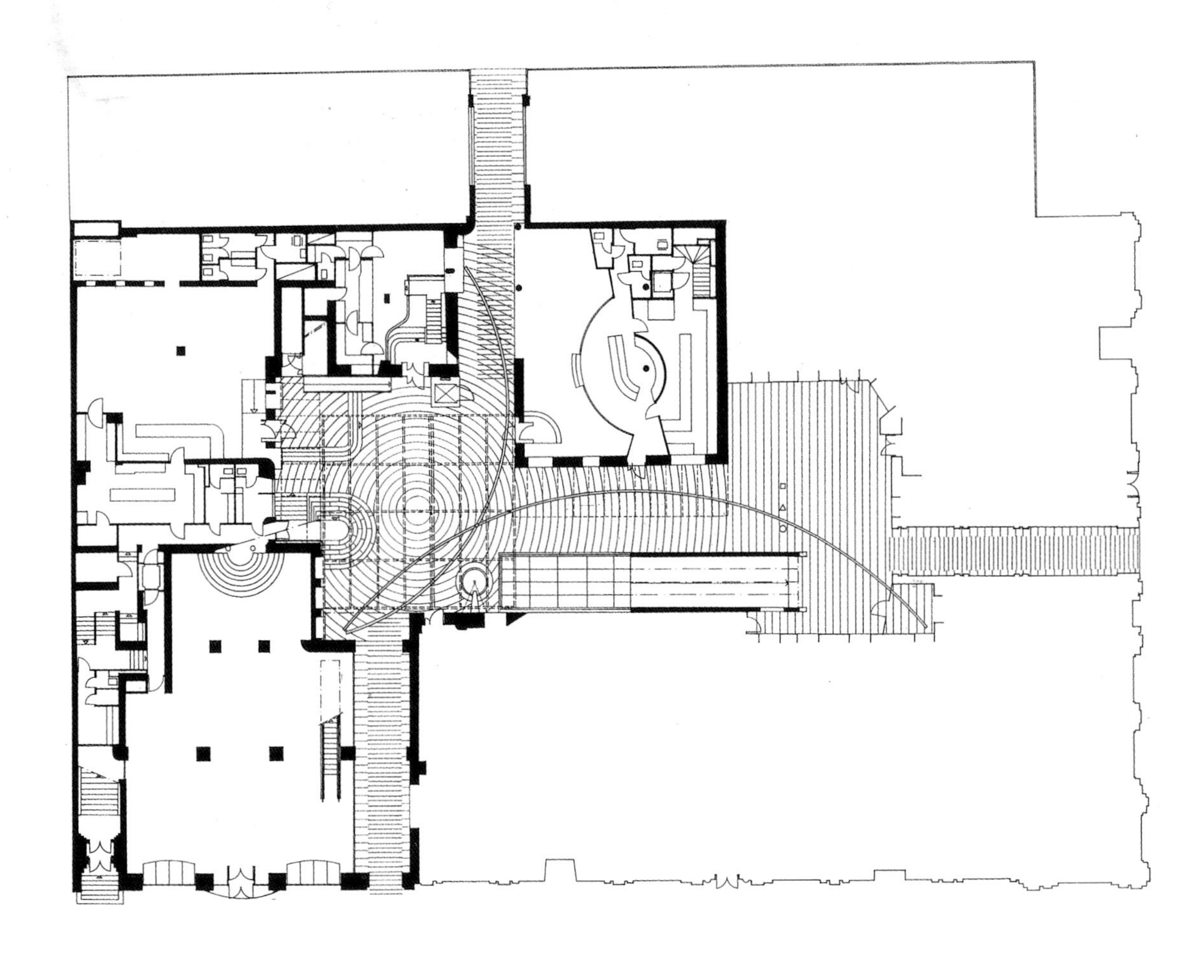

左图：三个“方尖碑”的反射和材料质量

右图：同心台阶和铺路的相互作用

声音也很重要，无论声音有无。帕拉斯马将我们的注意力吸引到 Kakuzookakura 的《茶之书》：

除了铁桶里的开水声，没有什么能打破沉默。水壶唱得很好，因为铁片被安排在底部，以产生一种奇特的旋律，人们可以听到被白云覆盖的瀑布回声一片，在遥远的海洋里岩石间肆虐，暴风雨席卷竹林，或在遥远的山坡上摇曳松树。

这里的雨水沿着各种排水沟和排水管运行，可以提供不同的声音体验，最后沉入一个村庄的“井”，即使在干燥的天气里也可以通过青铜喷口供水；但水有时会冻结，让其他声音在以低声为主的冬天占有一席之地。即使在城市中，帕拉斯马也将日常体验变成了神奇的东西。

这个小型的赫尔辛基计划，甚至远非具有一定规模的广场，展现了当代应用拼贴和极简主义思想的城市的景观潜力，与当代视觉艺术共同发展。一直以来，景观建筑师的灵感来自安装艺术家和这里。在这个完全令人沮丧和狭窄的空间，建筑师能够将对当代艺术问题的认识与魔法和炼金术结合起来，将负面转化为积极的地方形式。

1. 帕拉斯马办公室的 Teemu Taskinen，项目描述，1991 年。

WHITE

怀特林克十字架
Whiteinch Cross

英国格拉斯哥，1999 年
Glasgow，UK，1999
格罗斯 · 麦克斯
Gross Max

对页图：格罗斯 · 麦克斯绘制的概览，显示所有元素的相关性

格罗斯 · 麦克斯（Gross Max，以下简称 GM）是由三位欧洲风景园林设计师——布里吉特 · 贝恩斯（Bridget Baines）、埃尔科 · 胡夫特曼（Eelco Hooftman）和罗斯 · 巴拉德（Ross Ballard）组成的团队。该团队成立于爱丁堡，尽管三人具有完全不同的国际背景。通过参加一系列重大比赛，他们在英国甚至整个欧洲都声名鹊起。通过设计，他们成功地赢得了声望，其大多数令人瞩目的介入都与城市硬质景观有关。然而，他们执行的第一个项目在遥远的 Shetland 群岛。胡夫特曼特意将一种新视角带到苏格兰，用于解决英国风景园林进程的问题。早在 1993 年，胡夫特曼写道："城市边缘是一种发生在城镇和郊区边界的扩张，这种边缘已经成了一种特别的消费主义的商业起义，同时我们的城市不断外扩，永久绿带一夜之间变成了爆炸性的颜色——充满了商业机遇的金带，Wimpey 居住区的红带以及具有停车功能的沥青碎片路面的黑带。"[2] 从那时起，GM 就坚定地提出了一系列在伦敦市内熟练介入的方案，如克拉肯威尔的圣约翰广场、伦敦哈克尼市政厅、哈默史密斯的 Lyric 广场。同时，他们也加入到鹿特丹市的城市花园项目中，与不同的艺术家的合作在这些发展中已经变成了寻常事。

Whiteinch Cross 广场由格拉斯哥的英国建筑与设计城计划委托，由 Deyan Sudjic 指导。这个中心场地已遭废弃，且变得多余，在人们的记忆中，它是一个给马洗澡的地方，因此，GM 设计了一面墙：水从高 8 米的耐候钢板墙上缓缓流下，这也包含了对附近造船业的回忆。艺术家 Adam Barker-Mill 做了一个 12 米高的白塔，内部是半透明的蓝色，能随着白天或是夜晚的光照强度不同而改变。与此形成对比的是：砂岩铺装的地平面布满了铁矿沉积物，广场分成两个平台，两个独立式的墙体对场地进行衔接，墙体则是结合镀锌钢结构的透明凉亭，树木全部保留并且重新引入，以强调场所提供的庇护，远离城市生活的忙乱。单人或是双人座椅被安放在树荫下，墙体保护场地不受临近街道交通噪声的侵害，那些被抛弃的、只留有残败树木的脏乱的小场地已经通过这种方式转化成一个为行人提供重要城市体验的广场。对于场地的真实性和城市的过去而言。这也是一种自然的提醒，甚至是光影的纪念。

在这个基本的城市首秀之后，GM 转而考虑伦敦哈克尼市政厅，一个方案已于地方磋商的活跃阶段得以成形，这个方案有效地证明了公众讨论的过程。市政厅本身是一个艺术装饰建筑（1934 ~ 1937 年），当地人偏爱这种典型的"绿色休闲旅馆"。圣地的概念通过光与水的结合被放大，在这个由两个巨大花坛统治的空间中，GM 简单地吸收和重塑了低矮的纪念物，并将此呈现给后代。他用水渠取代了老化的花坛，为了重新引入颜色和种植形式，他们增加了花卉树种，这既提高了实质性规模，也保证了种植床场地形式的完整性。

在伦敦的圣约翰广场，将水平玻璃的小方块覆盖在高杆灯上，将会建成一个发光顶棚。而哈默史密斯的 Lyric 广场和伯明翰市的一个角斗场项目都证实了 GM 胸怀未来却不抛弃过去，他们掌握了风景园林师创造的一种城市介入，这一般是在城市的边缘。他们采取了中心舞台的策略，保证了风景园林设计具有一种及早进入的过程，而此前则被建筑师和规划师所垄断（作为 William Holford 的战后帕特诺斯特广场灾难的见证）。

GM 不仅简单地代表了旧有建筑模式的专家或是做工灵活的艺术家，而且还是具有哲学头脑的设计师，在城市公共空间的自然重新塑造方面做了重大探索。城市的自然记忆恢复了热情的特质以及必要的历史框架的真实性。GM 的布里吉特 · 贝恩斯说："城市正在重新发现自己，似乎是像中世纪时代，它想要变得特殊。这一切有关城市特征，而风景园林师可以将其提供，不是以一种怀旧的而是以一种向前看的态度。"[3]GM 力求为城市创造"充满大城市感官快乐的潘多拉盒子。"[4] 在 2000 年汉诺威世博会的项目中，他们证实了他们在临时展览背景下的广泛视野，当时大片场地还是玉米地。这给了他们一种可能，在联合收割机上的寂寞农民也是这样，在 2000 年世博会变成了一个享乐主义的英雄。他们的收获和随后的耕作变成了展出中重要的一部分，在艺术家的手中，与其说是一个意外事件，倒不如说是设计师角色发展的可能性。

Eelco 提出了先锋花园的概念，并且与艺术家、建筑师和设计师一起合作，他说："我很开心成为一名设计师，我和艺术家一起工作，但是我自己并不想成为艺术家。"[5] 在哈克尼，GM 邀请作曲家麦特 · 罗格尔斯基（Matt Rogalsky）一起做了个"音景"，在穿过广场的步行者的衬托下变得鲜

活起来声景景观，由电脑控制的池塘中的水下光线会有节奏地改变色彩。

在花园历史中，总是会有场景塑造。GM 已经成功而有说服力地为 21 世纪做了更新，不管是在城市的封闭花园中设计一个现代康复花园，就像他们在格拉斯哥大学做的那样，或者是在柏林波兹坦广场中的一个更新的闲趣花园。GM 已经令人信服地证明介入城市的景观设计需要布景的变化。[6]

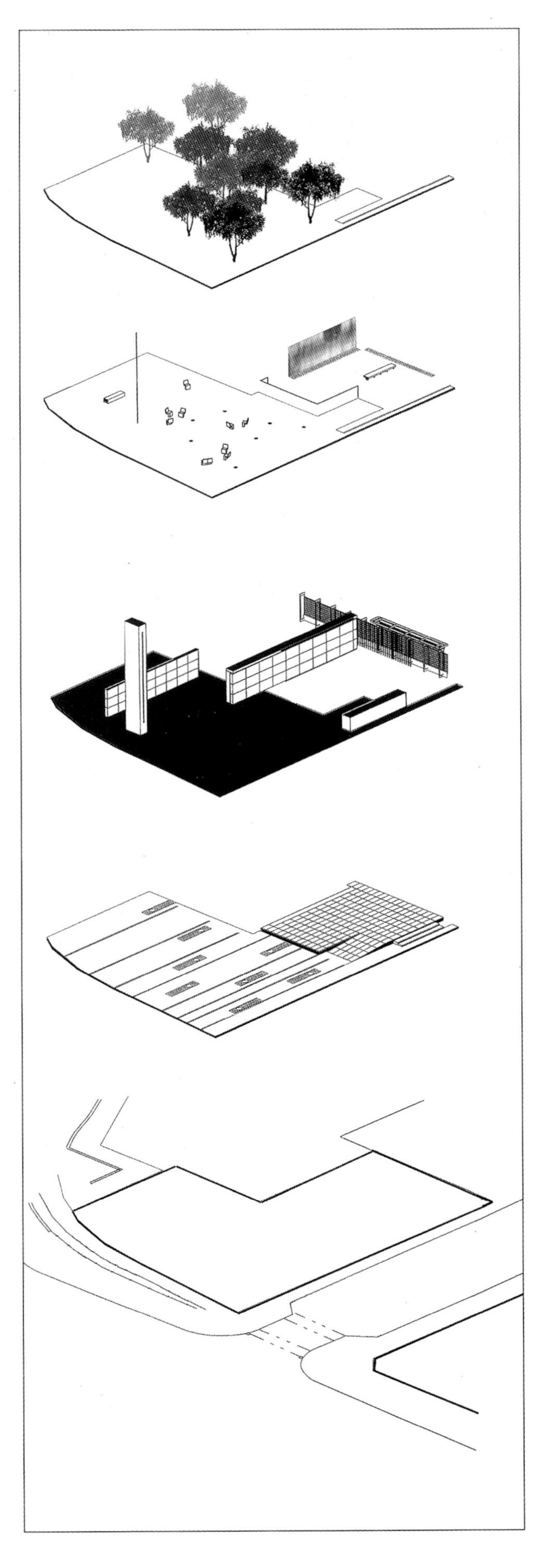

2. Eelco Hooftman，“Landscape off its Trolley”，*Sunday Times*（苏格兰），14Nov 1993，p.11.
3. 同上所述。
4. Michael Spens，Interview with Bridget Bains，Gross Max office，Edinburgh，April 2002.
5. Michael Spens，Interview with Eelco Hooftman，Gross Max office，Edinburgh，April 2002.
6. Eelco Hooftman，Gross Max brochure，April 2002，p.1:“A change of Scenery: why suffocate on an overdose of chlorophyll if we can boost our level of adrenaline instead……格罗斯 · 麦克斯景观事务所为保守的英国景观带来了一股清新之风。

对页图：项目关键要素的分解图：树木，附带座位，墙壁，雕塑塔，人行道和场地

上图：白色十字，夜间照明。24 小时照明是格罗斯·麦克斯城市景观的一个特征

右图：绿洲的概念，城市的避难所——座位、树木、阳光和阴凉处

国会荣誉勋章纪念馆
Congressional Medal of Honor Memorial

美国印第安纳波利斯，1999 年
Indianapolis，USA，1999
九巴
Nine bark

对页上图：中央运河和人行道东端的纪念地概况

对页左下图：弯曲的玻璃面板的细节

对页右下图：印第安纳波利斯天际线和夜间照明纪念馆

战争通过炸弹和导弹粗暴的、机械的力量影响着城市居民的生活。其他地方都在参照土耳其杰出的加利波利博物馆。那里正在筹办一项关于大规模和不必要死亡的悲惨历史的展览。但是印第安纳波利斯举办了一个完全不同的纪念仪式：为3433位英雄人物授予国会荣誉奖章，况且，这个纪念物不是以任何一种方式颂扬战争，而是赞颂一种人类为大我而舍小我的精神。此外，场所精神变成了一个先决条件，或许，关于光明和黑暗对比力量的意识已经慢慢深入人心。

场地位于市内、印第安纳波利斯中央运河东端中部，选择的斜坡大约15米宽，260米长，竖向上大约4米高差，此即为从运河本身到上部树林的边缘。

纪念物是由艾瑞克·富尔福德（Eric Fulford）和安·瑞德（Ann Reed）构想出的，以一系列帆船开始，大概有27只，表现战争的混凝土曲墙把绿色的斜面撕成两半，打断了散步和慢跑系统的统一体。帆由玻璃制成，上面雕刻着所有杰出人士的名字。许多接待者是城市居民而不是正规的服务人员，他们将自己与惯常的美国生活中分离，“扬帆”到一起。今天还有一些人活着。两个主要的帆组成的弧代表了杰出的战争部分，这一直可以追溯到美国内战。纪念物是无限的，不仅只有战争结束，它才会为人们铭记那些人的名字。因此空帆依旧在飘浮，将留下未来不知名的人名印迹。值得注意的是，在舰队中预留着维和士兵之帆，这是为那些赢得了维和行为荣誉奖章的人准备的，现在上面已经刻有三个人的名字。

艾瑞克·富尔福德在爱丁堡大学都市设计和乡村规划专业受过训练，安·瑞德则是得克萨斯A&M大学的研究生，丰富而不同的背景经历显然已经成功地汇集到这样一个合作企业。种植设计需要谨慎与和谐的约束，设计包括草坪，还有一些混合式种植，一条宽敞的散步道标志着水渠的边界。

最早学习的是地质学，之后他获得了罗马奖。他对鲜花广场进行了360°的细节画作，大概花了7个月的时间才完成，罗马人民因此记住了他。这种细节的注意对于纪念物结合和固定的体系而言是宝贵而具有创新的。一个刚巧退伍的海军老兵被重新任命负责这个玻璃面板的复杂安装，对此他感到非常开心。

从远处看，帆好似在风中的舰队一样移动，成群而行又各自独立，无疑其他任何更沉重的材料，无论反射性多么好，都将会缺乏这种本质的穿透性、光感应性和玻璃折射光线的流动性。作为一个纪念物它对于人类努力的最大化展现是合适的。并且那里有大片的光、极少的阴影，光、声音和风可以在这个城市中心密谋，并对参观者个体和集体的回忆产生影响，艾瑞克·富尔福德说：“在发出沙沙声的草和流动的风的风景中，我们想象着故事的声音。”[7]

战争幸存者记录的声音和光控系统联系到一起，它们在特定时刻开始工作，发出柔光照亮特定的帆和帆上刻的名字，沿着场地上部边缘的一片瞩目的成年树木是对人们的奖赏，为场地创造了唯一的遮阴地方。

物质性和精神性也被联系到了一起，与那些中级的细部设计人员失去控制不同的是，艾瑞克·富尔福德本人设计了许多必需的结构细节，帆的规模和固定由于玻璃的选择而变得复杂，“玻璃是具有生命的物质，”艾瑞克·富尔福德说：“光的运动会以不同的方式影响玻璃”。[8]玻璃的物质性通过触感得到补充，因为提倡参观者抚摸那些被雕刻在每一张帆正面的名字，帆的背面是不可触及的，个体提供的服务细节和事件的活跃一起被适当地刻到玻璃之中。在另一面，事件和场地的抽象图像像场地、植被、土壤和星星一样置于其中。玻璃板是曲面的，前后区分明显，整体的组合与天空相呼应，并倒映在运河之中，市中心相邻塔楼的灯光也倒映其中。三位艺术家和四位雕塑家从事这个项目，正如美国罗马研究院的作家一样。富尔福德认为“风景园林是个合作的行为”。[9]

在此需要提及一下与纪念馆接壤的运河系统的景观设计师，此运河穿过城市的这一部分正在进行修复。佐佐木联合事务所从20世纪80年代开始便着手熟练地翻新运河，同时富尔福德和瑞德的介入也是综合的，总之，这个引人注目并且多样的滨水新生地区已经转化了印第安纳波利斯的中心区。

城市包含了大量战争死难者的纪念物，在此引入了人们

右图：富尔福德和瑞德在水边人行道上操纵半透明玻璃屏幕的反射质量，与中心商业区的塔楼相提并论

对页上图：从纪念板到种植景观绿化的过渡

对页下图：玻璃面板在不同层面上被熟练操纵

感官的、身体的反应，并继续依赖于记录的口述传统。区位和场所本身形式的定义也是引人注目的，因为临近军事公园，内战征兵的场地就在其北边。一共有 3433 枚奖章在这里授予，四年中，这场战争导致其中 1500 多枚奖章孤立于此。接待参观者时，这个历史场地具有潜在的本质活力，而一座为了纪念而设的更坚实的砖石结构容器将其剥夺。无论是在关键性的，还是被忽视的城市中心位置，富尔福德自身的成就已经激发并且提高了记忆的风景。

作为一次市中心的介入，富尔福德和瑞德诗一般的设计与艺术家的参与在这个纪念物中营造了一个通透和照明的天堂。这是一个高度原创的事件，或许在公园设计中是独一无二的。

7. Meg Calkins，“Power and Light”，*Landscape Architecture* USA，July 2000，pp.58-60.
8. 同上。
9. 同上。

莫伊兰学校操场
Moylan Schod Playground

美国康涅狄格州哈特福德，1997 年

Hartford，Connecticut，USA，1997

金美英

Mikyoung Kim

对页上图：操场轴测图，显示“播放列”

对页下图：一堵所谓的“捉迷藏”墙

莫伊兰是一所公立学校，位于康涅狄格州哈特福德市的一个社区，这个社区大多数为非洲裔美国人，但是其公立机构在很多方面和欧洲有所相似。对于学龄儿童的早期发展而言归属感是非常必要的，与此相关联的类似情感是一种个人的存在感，正如在娱乐空间里的拥有感一样，社区也是如此。一定程度上的视觉可识别性对于一个场地来说是非常必要的——任何消极的或无固定形状的封闭和过度监视的区域都将会是不利的，这不仅是学校的职责，对于娱乐和游戏的概念而言也是如此。

金美英已经参与了不少于三个游乐场设计，这三个设计都是在哈特福德市内。由于某些人认为教育的优先权更加重要，设计师因此通过一个不可避免的政治化学校模式的迷宫开启了这项创新设计，在兼顾资源的同时实现了设施预算最小化。她已经成为游乐场设计领域的专家，而这恰恰是她在哈佛设计研究院的研究项目。第二个设计项目紧随莫伊兰项目而来。Sand 学校位于镇上另一个区域，主要为拉美社区提供服务，项目中游乐场的设计要与 Tai Soo Kim 合伙人事务所设计的一系列新的学校建筑一同考虑。在此，金美英从莫伊兰项目中开发了一种游乐场自我适应模型，直到 1996 年，她为 McDonough 小学设计了第三个游乐场，虽然当时学校还缺乏改造资金。她为 McDonough 项目构想出一种不同的空间结构，鼓励孩子们翻越场地并且在此表演，换句话说，她试图鼓励他们尽情玩乐，既娱己，又娱人。

三个设计中最具有开创性的是莫伊兰学校，这也是其中最著名的一个。它不只引起一代学生的兴趣，因而证实了它的成功。方案的中心空间结构是名为“隐藏与寻找”之墙，将会给那些解释性的玩耍很多机会。金美英已经研究了孩子们的游戏，确认了用墙的形式解释视觉标识，并且用“你看到了什么”的想法将其证实，而这正是游乐项目的一个关键原料。该墙的设计提供了“观察洞”，并且用多种方式使其成为可能，它同时也鼓励学生们通过真实的入口。门和窗的多种尺寸改变了孩子们奔跑、爬行、跳跃、屈膝甚至只是缓缓行走的速度。

墙的南侧通过游戏柱子得以分隔开来，而事实上这是在南北之间建立的第三个空间。北面更具公共性，而南面出于玩耍的目的更具私密性，最终墙包围了操场的东面，形成了露天剧场的背景。

金美英谨慎地利用了乔木种植，在游乐场的中心是 3 米高的丛林形成的中间区域，这使得学生们可以从教室区出发到达。树林的尽头被操场的一个前入口划定，而另一端则是被“隐藏与寻找”的墙所打断。它用这种方式为人们提供了一个区域：学生们可以重新确定路的方向并且离开后面的街道，金美英如此安排顺序以至于在树与墙的交点处，即操场的南侧，树木散布点缀在其他元素中，而此地的铺装图案恰巧被打断。

这个长长的、蛇状的墙入口最高点大约 1.5 米高，像一个有弹性的隔膜一样统一所有的行为，同时产生两个相反方向的内外空间，一个面对学校，另一个面对后面的街道，皂荚树和其他树种所组成的树林有利于限定这种双向的运动，金美英也加入了一个主要的预制的娱乐结构，不仅与整体的视觉融合，还为玩耍活动提供一种可替换的资源。

从其他学校来参观的老师经常会评论这里没有草坪，但是金美英的答案是：这是一个有着现存街道文化和限定街区的城市学校。她是一位能恰当采用硬质景观且具有说服力的提倡者，在这方面得心应手，以至于该项目成为一个瞩目的先例，莫伊兰学校游乐场清晰地强调了任何学校场地内在类型的重要性，对于一个积极的、互动的娱乐环境而言，它有助于增强孩子们的观察力。

更具体来说，金美英的作品强调了利用像墙体一样的空间元素的程度，人们通过这些元素能轻易地辨别出地貌特征，而且是在街道层面上的城市纹理。她精确计算出了每一块铺装，能谨慎而有效地运用树木和植被。如果 Kim 关于开放空间的理念可以在城市中得到运用，而不局限于游乐场中，那么城市硬质景观的问题就更容易得到解决。

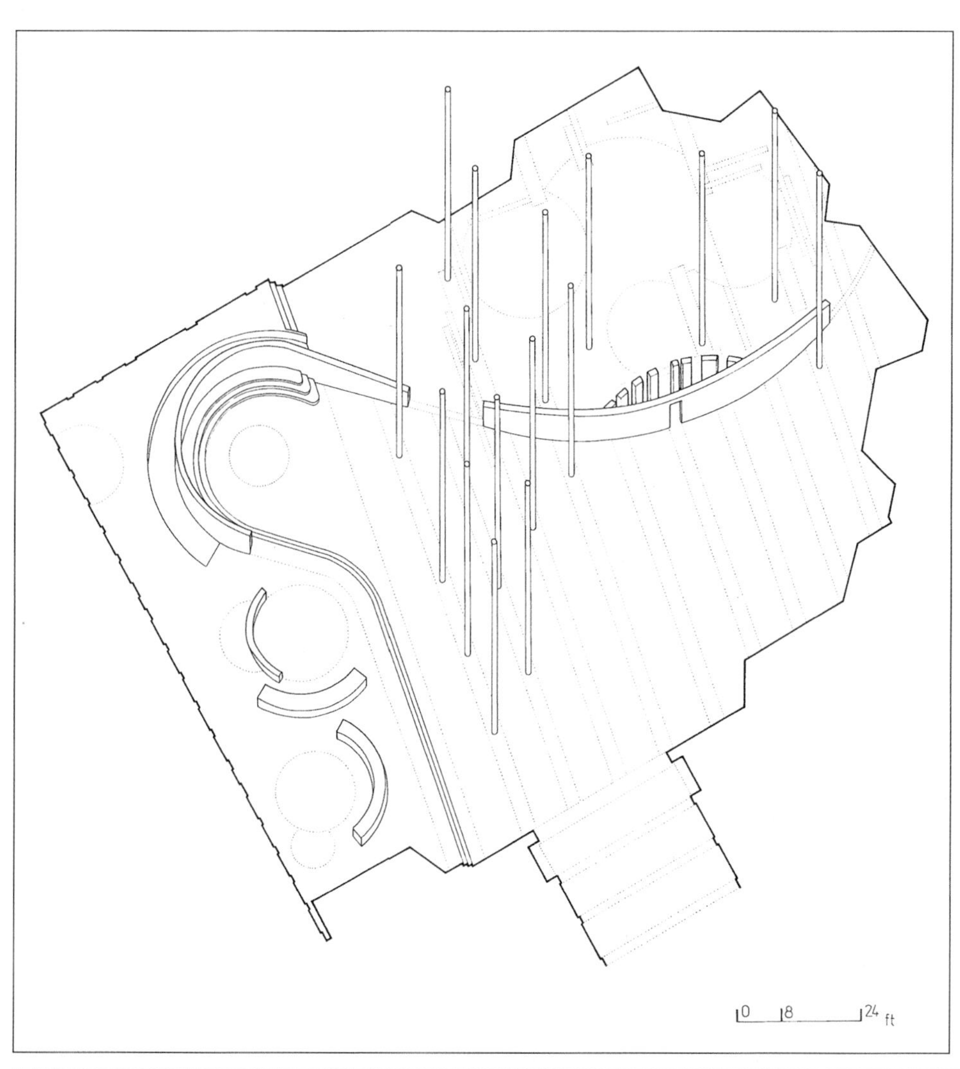
0
8
24 ft

上图：精心分组的树木

在各种各样的“游玩景观”中

下图：游戏墙结构坚固，并包含多个开口

上图：阶梯元素和游戏墙的细节

下图：儿童层面的城市规模

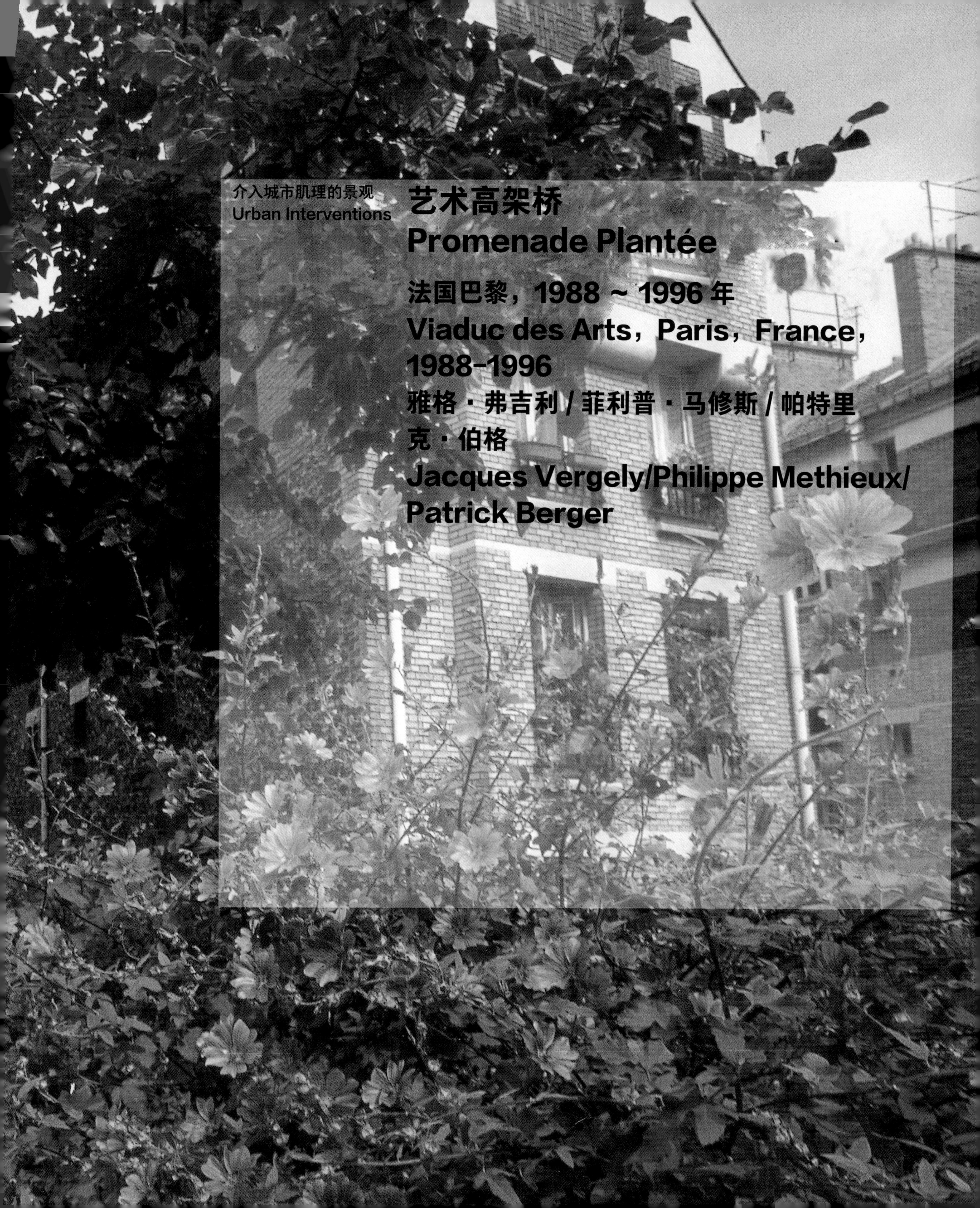

艺术高架桥
Promenade Plantée

法国巴黎，1988 ~ 1996 年
Viaduc des Arts，Paris，France，1988-1996

雅格·弗吉利 / 菲利普·马修斯 / 帕特里克·伯格
Jacques Vergely/Philippe Methieux/Patrick Berger

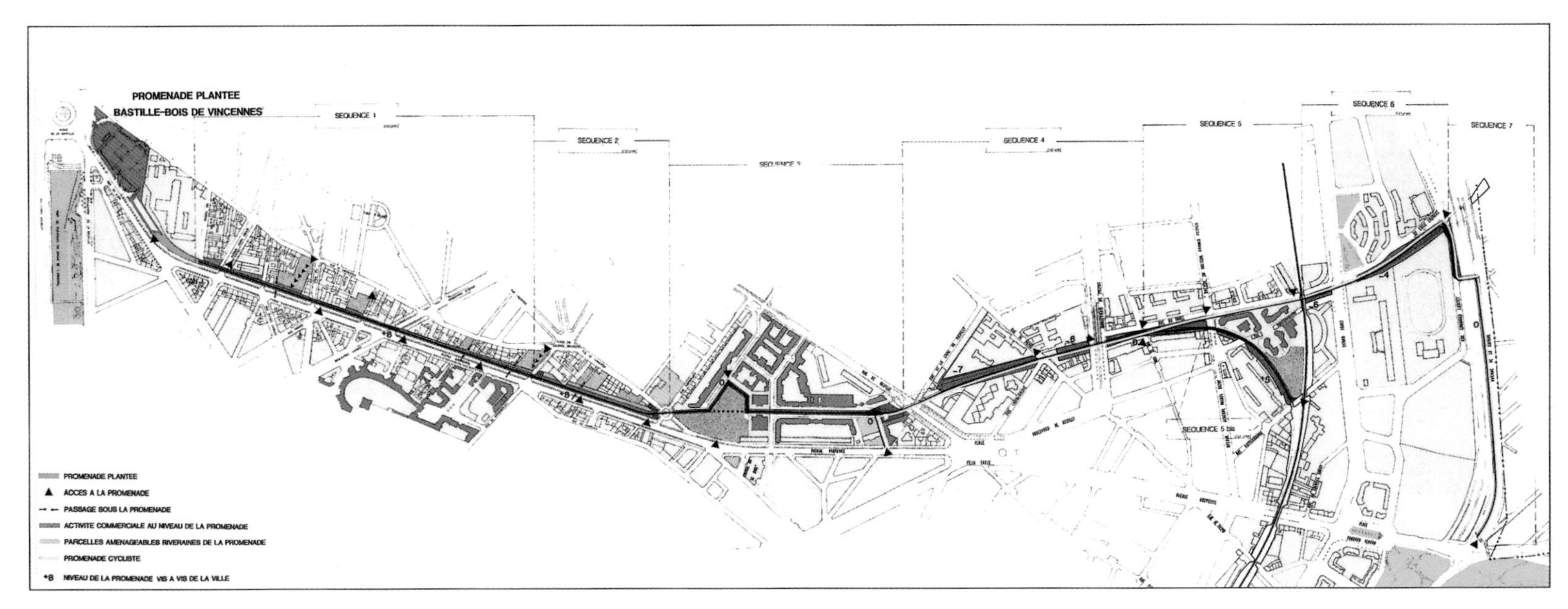

上图：在巴士底狱德拉广场和旧巴黎 – 斯特拉斯堡铁路沿线约 4.5 公里（2.7 英里）的步行大道之间的 12 号区域

对页左上图和对页右上图：废弃的铁路变成一条绿色的灯丝，生机勃勃的扦插和高架桥

对页下图：沿路精心规划的空间

要将一座立体步行道架在巴黎一处优雅的位置，这种说法尽管听上去是可取的，但似乎是一种不可能实现的愿景，如今它变成了一个真实的可能，因为已经发现了一个合适的解决办法，并准备将其用于一系列废弃铁路高架桥的改造上。设计师必须使高架桥和两座人行桥重新变得有活力，拆除一条长的堤岸并且用新结构取代它，这一切都很必要。林荫道采取了一种多样化的方式，先是降低到城市街道的高程，然后急剧上升、扭转、弯曲，沿着现存茂盛绿地的路线。有意义的景观得以保留，而且第一次机器时代的遗产几乎没有受到损害。城市林荫道变成了一条景观脉络。

风景园林师雅格·弗吉利（Jacques Vergely）与建筑师菲利普·马修斯（Philippe Mathieux）和帕特里克·伯格（Patrick Berger）密切合作，建立规则以便为新种植设计提供基础。种植设计极为关键，它相比于那些现存的、成熟的植被更具多样性。通过小型广场的设计，水平方向上的差异被最小化。

设计师有三个清晰的目标，首先，他想在认知水平上达到概念的统一，以便使路过的行人感到明显的变化；第二，尊重场地的环境，尤其是在对视觉体验分层次序的联系上，第三，林荫道作为一个统一体尤为关键，尽管沿着线路，种植的水平和密度不可避免有所区别。在结尾处，椴树以一系列线状特性排列，它与众不同的深色叶子，越到下侧越亮。开花的樱桃树两株或五株一组，中国西藏和日本的外来物种也种在高架桥的隔离带上，或者是在古老的地貌中。这种多样性的种植使得季相色彩变化最大化，时间一直从秋天延伸到第二年四月底。认知的统一感通过古老地貌上的鹅耳枥得到了进一步强化。叶色金黄、叶形多样的亮叶忍冬作为本土树种的代表也被挑选出来。

现在让我们转向场地环境。通过在细窄的空地上种植刺槐丛，强壮并且弯曲的臭椿属植物（在 19 世纪的伦敦经常应用）和无处不在的法国梧桐以适当的比例栽植于岸边，以丰富场地上的现存植被，因为这些植被以后将变得高大而优美，它们充足的树冠将会在夏天提供必要的遮阴场所。弗吉利同时引入了一些很质朴的农作物种，例如老树、绣线菊属植物、长春花和勿忘我。野性植物一定程度上得到驯化，在这个城市区域内迅速生长，这一点出人意料，它所创造的对比正是林荫道的特点。有了更加熟练的园艺手法，像野生玫瑰这样更高贵的物种也能种植了。在篱笆包围的空间里，白色玫瑰和色调丰富的攀爬月季丛生。

亮绿色的绿丝不断经过街区，以至于在过去的世纪留下了强烈的味道，这对于那些最初抛弃过去，重建了这个区域的城市开发商和建筑师而言是不可思议的。1853 年，似乎城市公园的神秘性、幻想性和窥视性突然以一种对于塞纳河部门长官 Baron Haussmann 而言非常难懂的方式渗透进了

左图：从树的角度看长廊植物

右图：新的桥梁创造了不间断的连续性

对页左上图和对页左中图：小的，离散的空间穿插着更公开的种植区域

对页左下图：水元素的长视角被打开，拉近了相邻的房屋

对页右上图和对页右下图：1楼梯和座椅等精心协调的城市家具

城市，他的策略是在很大程度上保护未受损的巴黎核心，这在香榭丽舍大街和凯旋门达到了顶点，一直到今天还在庆祝。

通过巴士底监狱的铁路曾经是巴黎日常生活的必要组成部分。将火车从专门为此建造的高架路线上移走，使这条穿越 12 个区的车行道被废弃，线路从巴士底广场到文森森林大约 4.5 公里。巴黎斯特拉斯堡公司在最初线路建设时有所让步，其同时拥有在文森森林建立终点站的权利。当准备拆毁的代替方案被证明无效后，创造一个高架桥林荫大道的机会出现了。最初，巴黎市议会公布赞同将沿线路设计成林荫道，通过从 SNCF 购买使之成为可能，SNCF 是现在负责所有废弃铁路小地块的国家铁路局。在此之前，巴士底广场被选为巴黎歌剧院的场地；到 1990 年，一条景观步行道在 Rue de Picpus 和 Avenue du General Michel Bizot 之间竣工；1990 年 4 月，一种混合式住宅开发与林荫道的进一步扩张联系起来；到 1995 年，从 Ledru-Rollin 大街到 de la Guyane 林荫大道的旅行成为可能，甚至不需要离开林荫道。

今天，作为一种在其他任何地方都不存在的事物，这个长久的奇迹般的冒险值得在伦敦得到庆祝。在伦敦，维持林荫道在行政上很复杂；在纽约，不建设轻轨是一种疯狂的举动，而且林荫道甚至可能被看作是一个潜在的犯罪场合；而在维也纳，这一切不过太平凡。事实上，管理或成立适当的监视机构并不复杂，以及对于街道的娱乐活动的出现而言，甚至是慢跑，这也是一样的。毕竟，这就是巴黎。这个项目给那些欠发达城市树立了一个良好的榜样。在 30 年的时间里，这个绿色丝带看上去似乎从火车时代开始就一直在这里。这是 21 世纪创造的独特的城市事件。

哈斯海滨长廊
Haas Promenade

以色列耶路撒冷，2000 年

Jerusalem，Israel，2000

劳伦斯·哈尔普林与施洛莫·阿龙森

Lawrence Helprin with Shlomo Aronson

对页上图：哈尔普林的主要概念是景观规划

对页下图：铺路的细节。橄榄树种植园尽可能少地受到干扰

早在20世纪70年代，当时的耶路撒冷市市长Teddy Kolleck就组织委员会，将城市带入当代环境设计与建筑的思想前沿，建筑师路易斯·康、摩西·赛弗迪、巴克明斯特·富勒等人都被邀请加入，来自旧金山的风景园林师劳伦斯·哈尔普林也包括在内，于是一系列重大项目应运而生，其中之一便是以色列博物馆，对于这样一个耶路撒冷中心东面的山谷而言，哈尔普林亲自创造了适合这个公共开放项目的单独的总体规划，人行路沿着突出的山脊线的走向设计，而这将大大阻止下面临近山谷的商业发展。如同Tayelet的称呼一样，它在城市肌理中变成了一种明确的特质，成为抵御入侵的设防。

哈尔普林的设计是在一系列导向参数下完成的，对以下重要特质的看法决定了结构的直接焦点。在低洼的、多产的地区，农业利益将会得到优先考虑。林荫道的设计特点将和这些变化协调一致，劳伦斯也意识到，在耶路撒冷，人们广泛接受象征主义，所以他在设计中尽可能多地强调象征手段。他的象征从本质上来说源于宗教，最初的林荫道上的弧形语汇建立在基督教建筑之上；设计师特地引入橄榄林，以强调犹太人的田园主义。哈尔普林在伊斯兰Al-Aksa清真寺和圆顶清真寺之间的露天圆形剧场突显了现存的灵脉，承认阿拉伯社区固有的重要性，多样化的象征手法通过景观哲学设计得到表达，并自然成为联系路程和特质的一种手段。

序列的第一阶段是哈斯林荫道（以美国捐赠者命名），它由哈尔普林和当地事务所的施洛莫·阿龙森（Shlomo Aronson）设计。他们沿着散步道插入一个咖啡室和小广场，并形成了一块平坦的空地，一方面揭示了Al-Aska的尖塔顶和圆顶清真寺，另一方面则是橄榄林的历史场所。它现在与希伯来大学相邻，两位风景园林师都渴望展现圣经风景的现实意义。所以，甚至林荫道后的石灰岩挡土墙在逐渐上升的过程中质地变得更加粗糙，因此橄榄林和矮紫杉的风景可以为后代所保存。

林荫道的第二阶段（即Sherover林荫道）一直向下延伸到修道院，最终成为一个广场和餐馆。坡度意味着台阶阶数是合适的，延续着前面同样的手法，并渐渐在下沉中拓宽，在这里阿龙森保护和强调了橄榄树林和小麦过冬的重要性。

另一个二级林荫道因与环境相关而产生，被称为Trotner林荫道公园，阿龙森集中资源主要来保护这片耕地风景，并与山谷下面的老城形成鲜明的对比。这部分更像一个风景公园，通过乡村的，蜿蜒的内涵吸引城市居民，使他们能在城市里体验乡村环境。阿龙森通过自然的岩石和平石板铺装取代复杂的铺装，使乡村意境更加明显。

另一个林荫道——古尔德曼林荫道现正在建设中，由一位美国捐赠者捐赠和命名。它是20多年前设计的，起始于哈斯林荫道的东端尽头，也是一处农业景观。此道沿着山顶东部展开，橄榄林和草场斜坡上还保留着老树。随着道路折角环绕山顶向上，林荫道上可以观望到整个山谷180°的景色。有一个更小的室外咖啡厅面对着东面的犹大高地。

此处最突出的是持久但又真实存在的时间范围，紧接着是30年前耶路撒冷委员会最初的支持和成立时的愿意和设想，这种充满活力的连续性一直持续至今。哈普林本人可以勾勒出城市的悠长记忆。他1916年出生于布鲁克林，少年时第一次参观耶路撒冷时就帮助成立了一个靠近海法市的集体农村，他个人经常回忆起这段经历。他很高兴在80年代中期就与阿龙森合作，后者随后在以色列建立了自己的风景园林实践作品。哈尔普林和阿龙森在以色列技巧性的合作保证了由一种控制的手段进行发展。先由哈尔普林和阿龙森共同讨论，然后是阿龙森加工，最后再由哈尔普林结尾，因此每一个阶段都可以与原先存在的事物兼容，期间出现了政策的不断变化，但他们还是成功地将所有社区建成和平与和谐

左图：从橄榄园到公园

右图：通过蜿蜒曲折的方式，细致刻画轻柔的景观轮廓

环境的象征，而海岛则具有动乱的象征意义。如果观察细节的质量，不同等级的砌筑挡土墙、铺装和石头，以及新包含的建筑与杰出的光线设计，就会由此产生一种完美的归属感，一种对自然光泽和植物生长的认可感，以及一种内在完全联系的景观哲学。此处的风景园林意识到了城市本土景观和休闲需要的必要性，同时也适应了不同种族文化民族的象征需要，风景园林设计作为一个缓和统一手法得到运用，并出现在最需要它的地方。活动和反思场地的特征和意义的显著组合存在于世界上最具冲突性的城市之一，这只能强调景观设计的潜力。

左上图：概念草图，建立墙壁和圆形剧场之间的关系

右上图：远离城市的开阔景观，种植和保护树种

左中图：在树林里，石头可放置在树荫下以供小坐

右中图：面向城市的视野

左下图：典型的边缘墙，常见于耶路撒勒姆，有渐变下降

右下图：基本建筑部分下沉，以尽量减少景观破坏

奥林匹克公园的公共空间
Public Spaces at the Olympic Park

澳大利亚悉尼霍姆布什，2000 年
Homebush，Sydney，Australia，2000
乔治 · 哈格里夫斯联合事务所
George Hargreares Associates

对页上图：奥林匹克广场的建筑规模庞大，可容纳 300 万人。哈格里弗斯协会能够在视觉调解的过程中将规模的巨大性与更具人情味的景观元素协调起来

对页下图：在多用途大道和体育场附近融合硬质和软质景观，将大型建筑与全行人开放空间相协调，调和两个尺度

史上最盛大的奥运会之一于 2000 年在悉尼举办。引人注目的闭幕式壮观的灯光效果、烟火以及不可思议的体操表演无疑强调了这是一届策划新颖独特、组织有序的成功的奥运会。在这样的氛围中，很容易忽略建筑和景观的不可替代性。

在奥运会开始的前四年，设计师们就已经着手规划主赛场和活动场地中的硬质和软质景观。尽管霍姆布什位于城市外围，但是整个背景的规模和游客密度毋庸置疑地被划入城市设计的范围内，并且核心建筑群也是按照市中心的规模进行建造的。建筑间距非常大，奥林匹克广场本身变成了澳大利亚的最大集会场所，占地 9.5 公顷，可以容纳 300 万人。考虑到主要结构已经规划好，哈格里夫斯需要在一个预先设定的背景下工作，大尺度地创造城市风景园林规划。

1997 年 3 月 14 号，第一个总体概念设计完成，该设计由奥林匹克协调委员会任命，来自旧金山的哈格里夫斯联合事务所与西南威尔士政府建筑设计理事会合作完成。当局从一开始就意识到必须同等重视风景园林设计与场地建筑。概念由三个“步骤”的词汇清楚地表达：红、绿、蓝。

“红”代表新的公有土地，它是一个单中心的开放空间，拥有连续的铺装和街道设施，光照充足，可以容纳大量人群。一个最初的“奥林匹克场地”的总体规划计划被搁置了，因为它同主要建成的围合物在规模上失去了相关性。

“绿”是在千禧公园范围内建立的城市核心，标志性建筑包括从东到西穿越霍姆布什湾的绿道，其以多层次的运动体系渗透城市核心区的战略要点。

“蓝”合并了水元素，作为一个有序机制。喷泉安置在关键的位置，要么是场地的尽端，要么是林荫路的高点，要么是奥林匹克广场的南部边缘，而它取代了最初的奥林匹克场所，这些水元素本身是场地水净化体系的一部分，和绿色奥运这一概念完全一致。

哈格里夫斯认为最重要的任务是从总体上处理好规模关系。当风景园林师开始工作的时候，场地主要建筑物已经激增，树木沿线种植林荫道的传统做法证明是不可行的，树被移植到道路中央统一空间的外围边缘。按照黑桉树组成的城市森林的概念，建筑师在沥青路面上建立了一个宽松的网格体系，期间种植的树木密度不同，因为有的树木不能一直保留下来，所以这并不会成为问题。中央空间不是一个被动的概念，它与庞大的建筑群努力融合，把它们调和到一起，并且作为边缘。不能不提的是广场大约 170 米宽，与柏林菩提树大街的规模相似，按照常规的城市标准，沿广场铺装的形式开始起作用，和两个角斗场相联系；一个是原有的方形围场，建筑和服务道路与曾经的角斗场所相联系；另一个是林荫大道的中轴线，这种组合形成了一个动力“通道”。

广场上的一系列城市设施由悉尼建筑师 Tonkin Zulaikha Greer 设计，最突出的是彩色电缆塔系列，它们为参照点出现，同时为很多项目提供场所，其中包括服务连接、标记、横幅、电话点、厕所、售货亭和座椅。电缆塔呈现树的形状，在规模和质地上更接近巨大的建筑和场馆，并且与铺装结合产生一种本质上的城市广场，五条绿道提供了通道的紧密联系，每一个都或多或少地以一定的角度朝向广场。

每一条绿道通过不同的种植来设计，第一条在最北面由成排的柠檬桉组成，以 5 米为间隔；第二条种植巨盘木和火焰瓶木；第三条由蓝花楹和水梨提供密集的防风林和花期的延长；第四条作为林荫路，沿着第一大街以向右的角度朝向奥林匹克大道；第五条位于最南边，是一处不规则的湿地与溪流，茂密的树木，为游人提供了更深的视角，湿地和南部大道在南部广场喷泉处交汇。

主要的中央开放空间变成了两部分：西部的硬质开放广场把赛场和多功能竞技场连接到一起，东部则刚好相反，呈现软质景观，是一个非常葱郁的绿色公园，同硬质广场形成强烈的对比，两个场地的现存特征在风景园林规划设计中被最大化，前者利用了现存的桉树小路，后者建立并且提高了现存的地形。自始至终，树木作为一种媒介力量，从而在结构规模上调和，产生一种环境友好的规模。树木提高了比例的改变，而并没有破坏步行活动序列的和谐。在某些区域一个精心设置的小比例环境，缓和了沿广场排列的主要建筑群。树木提供荫凉、庇护所和亲切的比例规模，而人工的结构将会否定这种平衡。设计师将足够多的注意力放在风能效应的减少上，而这种效应是场地的天然暴露所造成的，也是由高层建筑物的狭管效应和涡流效应造成的。

主要的水元素在场地的最高和最低点用来突出场地的坡度，更高的 Fig Grove 喷水池由 3 米的水弧线组成的，沿

上图和下图：红树林和人造湿地相结合，形成了一个生态区域，超过了奥运会的需要

对页图：无花果林喷泉由 25 米 (27 码) 长的小径喷水组成

着25米的人行路展开，在强烈的日光下闪闪发光，甚至沿着树林以一种隐喻的方式跳动；10棵成熟的无花果树保留下来，以便提醒人们场地角斗场的历史，而在这之前树木一直是被忽略的；水经过净化处理，汇入了大水池中，一方面利用了污水，同时又创造了美，水系沿着一种逻辑循环贯穿了整个场地。

在广场的北部低处，现存的红桉树林处于一个2公顷的人工湿地之中，在这里水弧线达到10米，沿着花岗石台地展开。它作为美学上的至高点又形成了一个本质上的净化体系。淋浴对于加利福尼亚人而言是每日必需的，这与澳大利亚人的习惯一致。象征性的淋浴瀑布暗喻卫生和净化过程，整个项目都有着生态体系。湿地中种满了乡土植物，它们可以过滤和净化暴雨和地表水；最后，水可用于场地灌溉，并流入相邻的溪流与河道中。

哈格里夫斯事务所已经创造出一种熟练的解决方式，应对像奥林匹克运动会这种相对较新的环境设计，他们已经取得了成功，因为他们意识到面对组织者而言，最基本的困境是比例的处理，主要的建筑分散布置。主体建筑的巨大比例看起来似乎是尴尬的甚至无序的，毫无疑问，这种比例属于城市，使人们回忆起历史上的巨大空间，例如古罗马和古希腊，或者是北京的紫禁城。如果没有对历史景观的深刻了解，这种规模影响将会是不协调的。哈格里夫斯运用了传统的城市元素——树木、水、铺装和街道设施，但是以一种在城市设计中很少遇到的规模完成的。澳大利亚高度重视生态的处理手法，这使他们对生态的手法了如指掌，因此，他们取得了巨大的成功。霍姆布什成为一个范例：硬质和软质景观在城市规模中的介入。他们曾在里斯本1998年世博会的设计中对其加以运用。同时也将其运用在了旧金山的克里希菲尔德公园金门大桥的场景之中。二者都是极大规模的项目，每一个都包含一种循环策略，但只有在霍姆布什才可能让哈格里夫斯充分证明和处理当代景观设计重点，并将其充分发挥，最终硕果累累。

盖茨黑德千禧桥
Gateshead Millennium Bridge

英国盖茨黑德，1999 年
Gateshead，UK，1999
威尔金森·艾尔
Wilkinson Eyre

对页上图：艾尔建筑事务所关于桥梁轮廓的最初概念

对页下图：一种独特的眼睑形式。桥面以轻微的角度横跨泰恩河

尽管纽卡斯尔市的泰因河以其交叉桥口而著名，但是纽卡斯尔市的北河岸和南部的盖茨黑德总是存在一种空隙。河流本身并不出名，由于海运费不可避免地在降低，它主要以分隔震源中的两个社区而著名。

在距离泰恩河半英里的距离内已经存在六个交叉口。罗马 Pons Aelii 建造于公元 2 世纪，中间曾被中世纪的桥梁取代，而在 1876 年又被旋桥取代。这座旋桥由铁路工程师乔治・史蒂芬森（George Stephenson）设计。该双层高架桥在历史上首次将铁路和公路旅行联系到一起。此次创新的结果是毁灭性的——它通过铁路将亨利二世中世纪堡垒与主要入口黑门分离。对于该建筑物的毁坏，几乎没有什么太大的遗憾，而纽卡斯尔即从中得名。纽卡斯尔一直擅长分离，而不是联合。

威尔金森・艾尔（Wilkinson Eyre）建筑事务所谨慎地触及了这段历史，他们意识到这座桥不应该仅仅是一种带装饰的工程做法，必须引入一种全新的概念，作为河流，以及两个社区交叉和连接的诗意的视觉表达。委托人认为新的优雅步行桥满足了使用价值。首先，也是最明显的，它具有自净能力，软饮料的包装会滚入指定场所处的垃圾箱中；其次，桥可以旋转上升，使河上船只顺利通过；再次，机动车现在已经被禁止通行。对机动车交通进行了仔细分类，无可置疑，一个提高生活乐趣的人行穿越桥将改变泰恩河的两岸，或许，例如拉尔夫・艾尔斯金（Rralph Erskine）的地标建筑拜克墙居住项目，视觉随桥顺流而下，用同样的方式赋予了 20 世纪 70 年代城市再生新的意义。

构思千禧桥花了很长时间，正如其名称一样，这一点在今天看来似乎有些让人惊讶。1964 年，伟大的丹麦工程师奥夫・阿勒普（Ove Arup）于达勒姆市大教堂的南面，建造了他一生最喜欢的项目——穿越威尔河的国皇门桥。国皇门桥可以称为“最先进的艺术”，就重要性而言，盖茨黑德的千禧桥就是今天的国皇门桥。[10]

桥的瞬时效应将南岸的新波罗的海艺术中心与纽卡斯尔市本身的繁荣中心相连，这种情况的发生与泰晤士河上福斯特的千禧桥多少有些相似，两者都是早期工业时代的桥。伦敦的泰特美术馆和盖茨黑德的波罗的海美术中心证明了桥梁作为城市催化剂的一种连续奇迹。通过 10 多年的协商，盖茨黑德 MBC 艺术中心委员会单方面领导倡议，对于城市更新而言，盖茨黑德市委员会希望将重生的纽卡斯尔市码头区和盖茨黑德东部地区的改造新规划联系起来。桥跨越了新堆的岛与码头平行，因为可以接近这些沉箱，所以桥被赋予了新的功能，使得每个岛有一个光滑的大厅，以其原创的方式提供舒适的环境，提供优美的新风景，包括现存桥的展示。在这些沉箱的新桥之间有两个平行的码头，通过水平和间歇的屏幕分离，使人行道和车行道得到区分，行人可以清楚地看到低处的码头，坐下来休闲，而且其他的服务设施也为这座令人瞩目的桥增添了吸引力。

当桥开放允许船只通过时，这是一个壮观的场面，这种创新的旋转运动与渐渐睁开的眼皮运动相似，两个弧的运动是配对的，一个形成桥面，另一个用来支撑，在交叉点处绕轴旋转，这在桥梁设计中是简单而又独特的。实际上整个桥是倾斜的，形成一种“大拱门”，提高两个城市的亲水性。这个新的添加物被证明以一种最瞩目的形式进行城市介入。盖茨黑德对于完全联系的文化节点的创造完全依赖于桥梁联系上的成功，两个区域配合的偶然性已经得到了证实，但这对于其他滨水或水边城市而言具有重要的暗示作用。

10. Dr Francis Walley，*The Life of Ove Arup*，British Cement Association，1995.

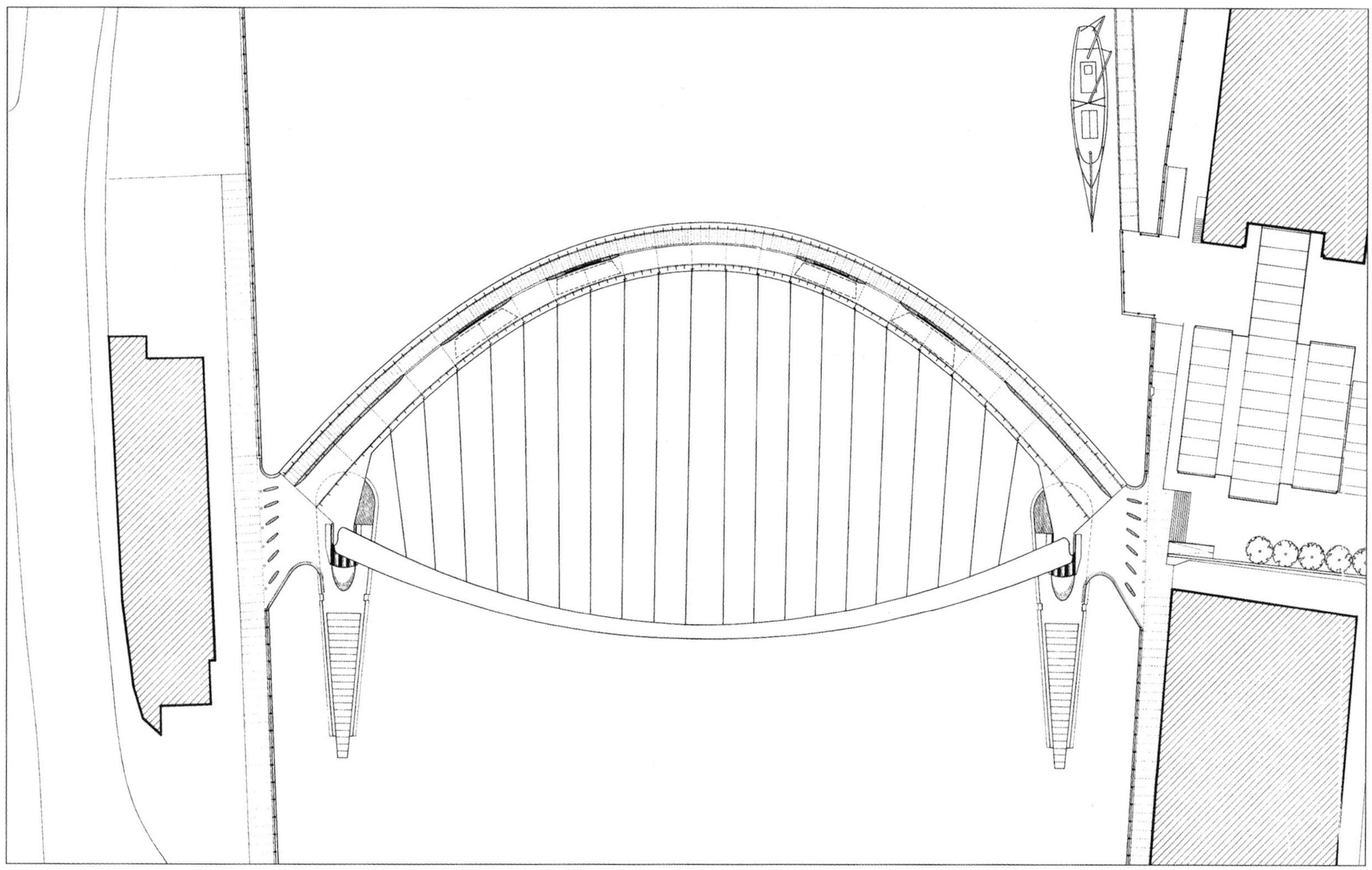

BALTIC FLOUR

BALTIC FLOUR

左图：千年观点

施工中的桥梁

往西看，纽卡斯尔中心在右边。这座桥处于封闭的“眼睑”位置

下图：同一视图，显示桥梁旋转，以允许船舶通过，“眼睑”打开

对页左上图：桥坐落在盖茨黑德河岸上

对页右上图：通过双向道路的行人

对页下图：泰恩河南岸的新波罗海艺术中心

参考文献

Adams, William Howard, *Roberto Burle Marx: The Unnatural Art of the Garden*, New York: Museum of Modern Art, 1991

Adams, William Howard, *The French Garden 1500–1800*, New York: George Braziller, 1979

Amidon, Jane, *Radical Landscapes: Reinventing Outdoor Space* (Foreword by Kathryn Gustafson), London: Thames & Hudson, 2001

Ardrey, Robert, *The Territorial Imperative: A Personal Enquiry into the Animal Origins of Property and Nations*, London: Collins, 1967

Argan, J C and Norberg-Schulz, C (eds.), *Roma Interrotta*, Rome: Incontri Internazionale d'Arte and Officina Edizioni, 1979

Baker, D W A, *The Civilised Surveyor: Thomas Mitchell and the Australian Aborigines*, Melbourne: Melbourne University Press, 1997

Banham, C Reyner, *Scenes in America Deserta*, London: Thames & Hudson, 1982

Bardi, P M, *The Tropical Gardens of Burle Marx*, London: Architectural Press, 1964

Barrett, J, with Bertholm, P and Marie, X, *Terrasses Jardins, Conception et Amenagement des Jardins sur Toitures, Dalles, et Terrasse*, Cordoba, Spain: Syros Alternatives, 1988

Birksted, Jan (ed.), *Relating Architecture to Landscape*, London and New York: Spon Press, 1999

Birmingham, A, *Landscape and Ideology: The English Rustic Tradition, l740–l860*, London: Thames & Hudson, 1987

Bonner J T, (ed.), *On Growth and Form by the late Sir d'Arcy Thompson*, Cambridge University Press (abridged edition), 1961

Brown, Jane, *The English Garden in our Time: From Gertrude Jekyll to Geoffrey Jellicoe*, Woodbridge: Antique Collectors' Club, 1986

Brown, Jane, *The Modern Garden*, London: Thames and Hudson, 2002

Brett, Lionel, *Landscape in Distress*, London: Architectural Press, 1965

Buck, David N, *Responding to Chaos: Tradition, Technology Society and Order in Japanese Design*, London and New York: Spon Press, 2000

Church, Thomas, *Gardens are for People*, New York: Reinhold, 1955

Clifford, Derek, *A History of Garden Design*, New York: Praeger, 1966

Coates, S and Stetter, A, *Impossible Worlds, The Architecture of Perfection*, Basel, Boston and Berlin: Birkhauser, London: August Media, 2000

Colvin, Brenda, *Land and Landscape*, London: John Murray, 1948

Constant, Caroline, *The Woodland Cemetery – Towards a Spiritual Landscape, Erik Gunnar Asplund and Sigurd Lewerentz 1915–1961*, Stockholm: Byggforlaget, 1994

Corner, James, *Taking Measures across the American Landscape*, New Haven and London: Yale University Press, 1996

Corner, James and Balfour, Alan (eds.), *The Recovery of Landscape*, London: Architectural Association, 1995

Cosgrove, Denis, and Daniels, Stephen, *The Iconography of Landscape*, Cambridge: Cambridge University Press, 1988

Crowe, Sylvia, *Tomorrow's Landscape*, London: Architectural Press, 1956

Dawkins, Richard, *The Extended Phenotype*, Oxford: Oxford University Press, 1982

Enge, Torsten Olaf and Schroer, Carl Friedrich, *Garden Architecture in Europe 1450–1800*, Cologne Germany: Benedikt Taschen, 1990

Eckbo, G, *Landscapes for Living*, New York: F W Dodge, 1950

Fairbrother, Nan, *New Lives New Landscapes*, London: Architectural Press, 1970

Fairbrother, Nan, *The Nature of Landscape Design*, London: Architectural Press, 1974

Ferrara, Guido, *The Architecture of the Italian Landscape*, Padua: Marsilio Editori, 1968

Fieldhouse, Ken and Harvey, Sheila (eds.), *Landscape Design: an International Survey*, New York: Woodstock, 1992

Foster, Hal, *The Return of the Real: The Avant Garde at the End of the Century*, Cambridge, MA: MIT Press, 1996

Frampton, Kenneth, *Studies in Tectonic Culture: The Poetics of Construction in Nineteenth and Twentieth Century Architecture*, (ed. John Cava), Cambridge, MA: MIT Press, 1995

Fromonot, François, *Glenn Murcutt, Works and Projects*, London: Thames & Hudson, 1995

The Garden Book, London: Phaidon Press, 2000

Grishin, Sasha, *David Blackburn and the Visionary Landscape Tradition*, London and Nottingham: Hart Gallery, 2002

Gooding, Mel and Furlong, William, *Song of the Earth, European Artists and the Landscape*, London: Thames & Hudson, 2002

Gosling, David, *Gordon Cullen: Visions of Urban Design*, London: Academy Editions, 2002

Harvey, Sheila and Retting, Stephen, (eds.), *50 years of Landscape Design*, London: The Landscape Press, 1985

Heynen, Hilde, *Architecture and Modernity: A Critique*, Cambridge, MA and London: MIT Press, 1999

Hobbs, Robert, *Robert Smithson: a Retrospective View* (catalogue for the exhibition at the 40th Venice Biennale), Herbert F Johnson, Ithaca: Cornell University Press, 1982

Hoffmann, Donald, *Frank Lloyd Wright, Architecture and Nature*, New York: Dover Publications Inc., 1986

Hughes, Robert, *The Shock of the New*, London: BBC Publications, 1980

Hunt, John Dixon and Willis, Peter, *The Genius of the English Landscape Garden 1620–1820*, New York: Harper & Row, 1975

Hunt, John Dixon, *Gardens of the Picturesque: Studies in the History of Landscape Architecture*, Cambridge, MA: MIT Press, 1992

Hussey, Christopher, *The Picturesque*, London: Frank Cass & Co, Ltd., 1967

Imbert, Dorothée, *The Modernist Garden in France*, New Haven and London: Yale University Press, 1993

Jellicoe, Geoffrey, *The Guelph Lectures on Landscape Design*, Canada: University of Guelph, 1983

Jellicoe, Geoffrey and Jellicoe, Susan, *The Landscape of Man*, London: Thames & Hudson, 1975

Jellicoe, Geoffrey, *The Landscape of Civilisation*, Woodbridge: Garden Art Press, 1989

Joyes, Claire, *Monet at Giverny*, London: Mathews, Miller, Dunbar, 1975

Kastner, Jeffrey and Wallis, Brian, *Land and Environmental Art*, London: Phaidon Press, 1998

Keswick, Maggie, *The Chinese Garden*, New York: Rizzoli, 1978

Kleinert, Sylvia and Neale, Margo, *The Oxford Companion to Aboriginal Art and Culture*, Melbourne, Australia: Oxford University Press, 2000

Lancaster, Michael, *The New European Landscape* (second edition), Oxford: Butterworth Architecture, 1995

Laurie, Michael, *An Introduction to Landscape Architecture*, New York: Elsevier, 1976

Leach, Neil (ed.), *Rethinking Architecture: A Reader in Cultural Theory*, London and New York: Routledge, 19 97

Lehrman, Jonas, *Earthly Paradise: Garden and Courtyard in Islam*, Berkeley: University of California Press, 1980

Libeskind, Daniel (with photo-essay by Hélène Binet), *Jewish Museum, Berlin*, Berlin: G + B Arts International, 1999

Lippard, Lucy R, *The Lure of the Local*, New York: The New Press, 1997

McDougall, E B and Hazlehurst, F H, (eds.), *The French Formal Garden, Dumbarton Oaks Colloquium on the History of Landscape Architecture, i*, Cambridge Mass: Harvard University Press, 1974

McHarg, Ian L, *Design with Nature*, New York: J Wiley & Sons Inc., 25th Anniversary Edition 1992 (first published 1967)

McKenzie, Janet, *Arthur Boyd, Art and Life*, London: Thames & Hudson, 2000

Monaco, James, *Alain Resnais*, London and New York: Secker & Warburg, 1978

Montero, Marta Iris, with Foreword by Martha Schwartz, *Burle Marx, The Lyrical Landscape*, London: Thames and Hudson, 2002

Moore, Charles W, Mitchell, William J and Turnbull, William Jr, *The Poetics of Gardens*, Cambridge, MA: MIT Press, 1988

Murray, Peter and Stevens, Mary Ann (eds.), *Living Bridges: The Inhabited Bridge, Past, Present and Future*, London: Royal Academy of Arts, and Munich and New York: Prestel, 1996

Nath, R, *Some Aspects of Mughal Architecture*, New Delhi: Abhinar Publications, 1976

Newton, Norman I, *Design on the Land: Development of Landscape Architecture*, Cambridge, MA: Belknap Press of Harvard University, 1973

Nichols, F D and Griswold, R E, *Thomas Jefferson, Landscape Architect*, Charlottesville, Virginia: University Press of Virginia, 1978

Nitschke, Gunter, *From Shinto to Ando*, London: Academy Editions, 1993

Pearsall, Derek and Salter, Elizabeth, *Landscapes and Seasons of the Mediaeval World*, London: Paul Elek, 1973

Petersen, Steen Estvard, *Herregarden I Kulturlandskapet*, Copenhagen: Arkitektens Forlag, 1975

Prest, John, *The Garden of Eden: The Botanic Garden and the Recreation of Paradise*, New Haven: Yale University Press, 1981

Richardson, Valerie, *New Vernacular Architecture*, London: Laurence King Publishing, 2001

Rosell, Quim, *Despues de Rehacer Paisajes Afterwards: Remaking Landscapes*, Barcelona: Editions Gustavo Gili SA, 2001

Rowe, Colin and Koetter, Fred, *Collage City*, Cambridge, MA: MIT Press, 1978

Rowe, Colin, *The Architecture of Good Intentions: Towards a Possible Retrospect*, London: Academy Editions, 1994

Rowe, Colin and Satkowski, Leon, *Italian Architecture of the l6th Century*, New York: Princeton Architectural Press, 2002

Rykwert, Joseph, *On Adam's House in Paradise*, New York: Museum of Modern Art in association with the Graham Foundation for Advanced Studies in the Fine Arts, Chicago, New York, 1972

Schaal, Hans-Dieter, *Landscape as Inspiration*, Berlin: Academy Editions, London/Ernst & Sohn, 1994

Schama, Simon, *Landscape and Memory*, London: Fontana Press, 1996

Schroder, Thies, *Changes in Scenery*, Basel, Boston and Berlin: Birkhauser, 2001

Scully, Vincent, *The Earth, the Temple and the Gods, Greek Sacred Architecure*, Cambridge, MA: MIT Press, 1963

Scully, Vincent, *Architecture, the Natural and the Man-Made*, New York: St Martins Press, 1991

Shepherd, J C and Jellicoe, G A, *Italian Gardens of the Renaissance*, London: Ernest Benn, 1925 (reprinted London: Academy Editions, 1996)

Shepherd, Peter, *Modern Gardens*, London: Architectural Press, 1953

Smith, Bernard, *European Vision and the South Pacific*, Oxford: Clarendon Press, 1960

Solkin, David H, *Richard Wilson: The Landscape of Reaction*, London: Tate Gallery, 1982

Solomon , Barbara Stauffacher, *Green Architecture and the Agrarian Garden*, New York: Rizzoli, 1988

Spens, Michael, *Gardens of the Mind. The Genius of Geoffrey Jellicoe*, Woodbridge: Antique Collectors' Club, 1992

Spens, Michael, *The Complete Landscapes and Gardens of Geoffrey Jellicoe*, London: Thames & Hudson, 1994

Spens, Michael, *Jellicoe at Shute*, London: Academy Editions, 1993

Spens, Michael, *Alvar Aalto, Viipuri Library (1927–1934)*, London: Academy Editions, 1994

Spens, Michael (ed.), *Landscape Transformed*, London: Academy Editions, 1996

Steenbergen, Clemens, *Architecture and Landscape: The Design Experiment of the Great European Gardens and Landscapes*, Munich: Prestel, 1996

Stroud Dorothy, London: Faber and Faber, 1975 (first published 1950)

Thacker, Christopher, *The History of Gardens*, London: Croom Helm, 1979

Treib, Marc and Herman, Ron, *A Guide to the Gardens of Kyoto*, Tokyo: Shufunotomo, 1980

Treib, Marc, (ed.), *Modern Landscape Architecture, A Critical Review*, Cambridge, MA: MIT Press, 1993

Tschumi, Bernard, *Cinegramme Folie: Le Parc de la Villette*, New York: Princeton Architectural Press, 1987

Tunnard, Christopher, *Gardens the Modern Landscape*, London: Architectural Press, 1938

Turner, J Scott, *The Extended Organism: the Physiology of Animal-built Structures,* Cambridge, MA and London: Harvard University Press, 2000

Turner, Tom, *English Garden Design: History and Styles since 1650*, Woodbridge: Antique Collectors' Club, 1986

Venturi, Robert and Scott-Brown, Denise, and Izenour, Steven, *Learning from Las Vegas*, Cambridge, MA: MIT Press, 1972

Verdi, Richard, *Nicolas Poussin 1594–l665*, London: Royal Academy of Arts, in association with Zwemmer, 1995

Villiers-Stuart, Constance M, *Gardens of the Great Mughuls*, London: A & C Black, 1913

Villiers-Stuart, Constance M, *Spanish Gardens, Their History, Types and Features*, London: Batsford, 1936

Walker, Peter and Sime, Melanie, *Invisible Gardens: The Search for Modernism in the American Landscape*, Cambridge, MA and London: MIT Press, 1994

Weilacher, Udo, *Between Landscape Architecture and Land Art*, Basel, Boston and Berlin: Birkhauser, 1999

Weilacher, Udo, with Foreword by Peter Latz and Arthur Ruegg, *Modern Landscapes of Ernst Cramer*, Basel, Boston and Berlin: Birkhauser, 2001

Wharton, Edith, *Italian Villas and their Gardens*, New York: Da Capo, 1976

Wilson, Colin St John, *Architectural Reflections*, Oxford: Butterworth, 1992

Wilson, Colin St John, *The Other Tradition of Modern Architecture: The Uncompleted Project*, London: Academy Editions, 1995

Wrede, Stuart and Adams, William Howard, (eds.), *Denatured Visions: Landscape and Culture in the Twentieth Century*, New York: Museum of Modern Art, 1976

索引

图片致谢

Peter Anderson: p13b

Sven-Ingvar Andersson: p23

The Art Archive: p8b;

Atelier 17: Christa Panick: p38–9; p42bl; p43; Peter Schafer: p44

Alejo Bague: p70–5

Anthony Browell: p122–7

Arcaid/Richard Bryant: p149br

Archipress: Luc Boegly: p214r; p215tl; Franck Eustache: p213tr, b; p214l

Shlomo Aronson Architect/Neil Folberg : p216–7; p219b; p220; p221bl

Robbie Buxton: p8t

Centre Historique des Archives Nationale, Paris: p7b

Martin Charles: p98–103

Charles Chesshire: p19b

Colvin and Moggridge/Mark Darwent: p24–9

Corbis/David Muench: p64–5

Danadjieva & Koenig Associates: p63tr, b; Steve Firebaugh: p58–9; p62r; James Frederick Housel: p61; p62l; p63tl

Diller + Scofidio: p156–7

Allan Dimmick: p197t

DRO Vormgeving: p165t

Fondation Le Corbusier: p10c; p174t

Arnaud Duboys Freyner: p30–7

Garden Picture Library: Rex Butcher: p131t; Erica Craddock: p128t

John Gollings: p225

Len Grant/ picturesofmanchester.com: p80–1

Gross Max Landscape Architects: p192–3; p197b

Antoine Grumbach & Associates: p175

Roland Halbe: p144–8; p149t, bl

The Office of Lawrence Halprin/Lawrence Halprin: p221cr, br; Dee Mullen: p221cl

Hargreaves Associates: p226t; John Gollings: p222–3; p226b; p227

Hiroki Hasegawa/studio on site: p46–51

Itsuko Hasegawa Atelier/Masuo Kamiyama: p119; Mitsumasa Fujitsuka: p116–7; p121tr, b

Ester Havlova/HSH Architekti: p183–5

Heikkinen and Komonen Architects/Jussi Tiainen: p110–5

Kazuaki Hosokawa: p104–9

Timothy Hursley: p204–5

Hutchison Picture Library/Christine Pemberton: p10b

Courtesy G A Jellicoe: First published by Ernest Benn, 1925, in *Italian Gardens of the Renaissance*, p6t; Courtesy G A Jellicoe and Partners: p13t; photo: W. Newbery: p11t

Charles Jencks: p17b

Katsuhisa Kida: p121tl

Mikyoung Kim: p207b; p209; Melissa Cooperman: p208; Raphael Justewicz: p207t

Florent Lamontagne: p210–1; p215cl, bl, br

Latz + Partner: p41cl, bl; p42br; M Latz: p41br, p42t; p45

Richard Long: p76t

Sir Leslie Martin and Associates: source: Martin Archive, courtesy Calouste Gulbenkian Foundation: p80

Roberto Burle Marx Foundation/Haruyoshi Ono: p12t

Philippe Mathieux: p213tl; p215tr

Courtesy Professor Ian McHarg: p11b

Glenn Murcutt/Mitchell Library, State Library of New South Wales, Australia: p126

National Trust Photographic Library/Andrew Butler: p14

Natural History Museum, London/Peter York: p18b

NINebark/Eric Fulford: p201t; p203; Tod Martens: p198–9; p201b; Art Silva: p202

Shigeo Ogawa: p138–43

Juhani Pallasmaa Architects/Al Weber: p186–91

Graeme Peacock: p228–33

Atelier Peichl: p12b

Agni Pikionis: p15t

Fred Phillips: p67–9

Christian Richters: p92–7; p168–173

Colin Rowe: p 176–7

Phillip Schonborn: p76b

Martha Schwartz, Inc: p159–161

Yutaka Shinozawa: p15b

Estate of Robert Smithson/Courtesy of the James Cohan Gallery/ Collection of Joseph E Seagram & Sons, Inc: p175

Courtesy of Michael Spens Collection, with permission from Peter Cook: p19t

Stiftung Archiv Der Akademie Der Kunste, Berlin: p16t

Studio Libeskind: S Bisgard: p85b; M Ostermann: p84l; C Swickerath: p84r; p85t

Studio on site: p150–5

Hisao Suzuki: p52–7; p86–91

Archive for Swiss Landscape Architecture, Rapperswill: p13c

Pierre Thibault, Architect: p131b

Archives of ThyssenKrupp AG: p40tl, tr

Rauno Traskelin: p16b

Venturi, Scott Brown & Associates: p18t

Claire de Virieu: p132–7

Colin Walton: p10t

West 8/Jeroen Musch: P162–3; p165b; p166–7

David Wild Architect: p9t

为了寻找所有图片版权出处，出版商尽了最大的努力。若有任何无意疏漏，请及时通知出版商。
除非另有声明，书中所有建筑图与插图均由建筑师和设计师提供。

作者致谢

首先，我要感谢杰弗里 · 杰利科（Geoffrey Jellicoe）爵士，我曾与他讨论过本书，但可惜他在本书完成之前就与世长辞了。其次，对于已故的科林 · 罗威（Colin Rowe）教授，在伦敦以及后来在华盛顿的决定性讨论中，我们共同形成了一些关键性的早期观点，并进行了质疑和阐述。阿尔瓦 · 阿尔托是一位天才，前两位基本忽视了他，我对阿尔瓦 · 阿尔托的工作进行了研究，但因为受到科林 · 圣约翰 · 威尔逊（Colin St John Wilson）教授的鼓励，我更加全面地认识到景观和建筑在自然界中的不可分割性，以及在一个领域内二者的紧密关联。同时，特别感谢休 · 莫里斯（Hugh Morris）博士和伊莲 · 兰金（Elaine Rankin）教授，尽管条件苛刻，他们对我的鼓励从未停止。至于书籍的出版，我深深感谢邓迪大学的同事们对于这一需求的认可。对于我最初的编辑维维安 · 康斯坦蒂诺波罗斯（Vivian Constantinopoulos），我必须感谢她在本书中的作用，以及她在费顿的继任者伊奥纳 · 贝尔德（Iona Baird），在图片研究员麦尔 · 沃森（Mel Watson）和项目编辑赫勒纳 · 阿特里（Helena Attlee）的协助下，本书稳步开花结果，正式出版。

最后，必须要说的是，我的妻子珍妮特 · 麦肯齐（Janet Mckenzie）博士鼓励我在美国、欧洲和澳大利亚进行 10 多年的研究，如果没有她的支持和承诺，本书最终将无法成稿。我也非常感谢我们的三个孩子：克里斯蒂安娜（Christiana）、弗洛拉（Flora）和马里奥塔（Mariota），就像约翰 · 唐尼塞德（John Donnesaid）说得那样，“没有谁是一座孤岛”，他们心甘情愿地作我的桥梁，支持我的人生探险。

迈克尔 · 斯彭斯

译者简介

张德娟：北京林业大学风景园林学硕士，师从李雄教授；中国中建设计集团高级工程师； 中共党员；研究方向为城市公共空间景观规划与设计、建筑外环境景观规划与设计、新中式示范区景观标准化等。

著作权合同登记图字：01-2016-4978号

图书在版编目（CIP）数据

现代景观 /（英）迈克尔·斯彭斯著；张德娟译 .—北京：中国建筑工业出版社，2019.11
书名原文：Modern Landscape
ISBN 978-7-112-24427-0

Ⅰ.①现… Ⅱ.①迈… ②张… Ⅲ.①景观设计—园林设计 Ⅳ.①TU986.2

中国版本图书馆CIP数据核字（2019）第246986号

Original title: MODERN LANDSCAPE © 2003 Phaidon Press Limited.

This Edition published by China Architecture & Buildling Press under licence from Phaidon Press Limited, of Regent's Wharf, All Saints Street, London, NI 9PA, UK.
All rights reserved. No part of this publication may be reproduced, stored in a retrieval system or transmitted, in any form or by any means, electronic, mechanical, photocopying, recording or otherwise, without the prior permission of Phaidon Press.
由英国费顿出版有限公司授权我社翻译、出版和发行本书简体中文版

责任编辑：戚琳琳　率　琦
责任校对：王　烨

现代景观
[英]迈克尔·斯彭斯　著
张德娟　译
*
中国建筑工业出版社出版、发行（北京海淀三里河路9号）
各地新华书店、建筑书店经销
北京点击世代文化传媒有限公司制版
北京富诚彩色印刷有限公司印刷
*
开本：965×1270 毫米　1/12　印张：20⅓　字数：480 千字
2020年1月第一版　2020年1月第一次印刷
定价：288.00 元
ISBN 978-7-112-24427-0
（34889）

版权所有　翻印必究
如有印装质量问题，可寄本社退换
（邮政编码 100037）